西安电子科技大学校庆献礼

"星火杯"创新之路

主　编　朱文凯

副主编　李　警　傅　超　朱　伟

西安电子科技大学出版社

内 容 简 介

　　"星火杯"自 1988 年创设以来,赋予了西电学子创新发展的强大力量,是西电学子科学之旅的精神源泉。本书详细记录了"星火杯"办赛 30 余届的成效和特色,具体分为四部分:第一部分是星火历程,介绍往届办赛经历;第二部分是星火故事,讲述西电师生参与"星火杯"的真实感悟;第三部分是星火园丁,介绍积极投身"星火杯"的专家学者;第四部分是星火作品,展示往届优秀作品。

　　本书以翔实的资料,记录了西电"星火杯"大学生科技竞赛自创设以来的不凡历程和骄人成绩,体现了西电长期坚持教学与科研相互结合、相互促进进行人才培养的优良传统,彰显了西电学子学以致用、勇于实践、勇于创新的优秀品质,对激发西电学子致力科技创新具有重要指导价值,亦为其他高校开展大学生科技创新活动提供了有益借鉴。

图书在版编目(CIP)数据

"星火杯"创新之路 / 朱文凯主编. —西安:西安电子科技大学出版社,
2021.12(2022.2 重印)
ISBN 978-7-5606-6274-9

Ⅰ. ①星… Ⅱ. ①朱… Ⅲ. ①西安电子科技大学—教学工作—成果—汇编 Ⅳ. ①G642

中国版本图书馆 CIP 数据核字(2021)第 238272 号

策划编辑　李惠萍
责任编辑　李惠萍
出版发行　西安电子科技大学出版社(西安市太白南路 2 号)
电　　话　(029)88202421　88201467　　　邮　编　710071
网　　址　www.xduph.com　　　　　　电子邮箱　xdupfxb001@163.com
经　　销　新华书店
印刷单位　陕西天意印务有限责任公司
版　　次　2021 年 12 月第 1 版　　2022 年 2 月第 2 次印刷
开　　本　787 毫米×960 毫米　1/16　印 张　17
字　　数　300 千字
印　　数　1001～2000 册
定　　价　41.00 元

ISBN 978-7-5606-6274-9 / G

XDUP 6576001-2

如有印装问题可调换

西安电子科技大学校庆献礼

《"星火杯"创新之路》编委会名单

主　编　　朱文凯

副主编　　李　警　　傅　超　　朱　伟

编　委　　尹　鹏　　于志斌　　刘金龙　　窦金娣

　　　　　王佳悦　　华俊文　　赵岩松　　刘　毅

　　　　　张文博　　曹东杰

前　言

　　1988 年，在学校的支持下团委创办了西电首届"星火杯"科技竞赛。经过 30 余年的发展，校园科技文化活动走出了一条从无到有、从小到大、从零散自发到规范组织的蓬勃发展之路。

　　"星火杯"点燃了西电学生科技创新的"星星之火"，为大学生挥洒求知热情、展示聪明才智架起了广阔舞台。从 1988 年至今，"星火杯"每年 12 月 9 日前后举办一次，并逐步形成个人申报、班级组织、教师推荐、各个学院组织初评、学校组织优秀作品竞赛的规范化工作程序。参加竞赛的学生人数和作品数量也逐年增加。作品内容包括科技发明制作、计算机软件开发设计、自然科学类论文、哲学社会科学类社会调查报告和论文等 5 大类，涉及电子、通信、机械、环保、管理、经济等多个领域。

　　西电浓郁的校园科技学术活动氛围为那些善于动脑、敢于求新的学生提供了施展自己才能的空间，也培育了一批批实践创新的科技苗子。历届全国大学生电子设计竞赛，西电代表队总成绩均名列前茅；历届全国大学生数学建模竞赛和美国大学生数学建模竞赛，西电参赛队均位居前列；在中国"互联网+"大学生创新创业大赛、全国"挑战杯"大学生创业计划大赛、中国大学生机器人设计大赛、ACM 程序设计大赛等全国性比赛中，西电学子均取得了骄人的战绩。

　　在西安电子科技大学，在校大学生申请专利、发表研究论文、参加国际发明展览会获奖的情况比比皆是，不少学生在校期间参加科技活动的经历为他们毕业后的事业发展奠定了良好基础。

　　"星火"燃烧在西电，西电的学生陶醉在"星火"中。在"星火"的锻造下，一批批勇于实践、敢于创新、作风严谨、素质扎实的新型人才相继出炉。以"星火杯"为龙头的大学生课外科技学术活动，已经成为西安电子科技大学创新型人才培养模式的有机组成部分。

　　继往开来，追赶超越。党的十八大以来，学校全面贯彻党的教育方针，深入学习贯彻习近平总书记新时代中国特色社会主义思想，坚持立德树人，注重内涵发展，不断提高人才培养质量。适逢中国共产党成立 100 周年和学校建校 90 周年，我们集结出版《"星火杯"创新之路》，旨在全面总结"星火杯" 30 余年来的办赛经历、创办成效和办赛特色，为学校更好地开展双创教育提供借鉴，为助力学校一流建设贡献力量。

作　者

2021 年 10 月

目　录

第二部分 星火故事

第三部分 星火园丁

第四部分　星火作品

第一部分

星火历程

"星火杯"往届概况

1988 年，第一届，在"星花奖"发明思想大赛基础上，首届"星火杯"拉开序幕，同年组建校大学生科协。

1989 年，停办。

1990 年，第二届，建立专项科技基金 5 万元。

1991 年，第三届，部分项目开始与单位合作。

1992 年，第四届，作品获国家专利，校团委设立科技实践部。

1993 年，第五届，成立科技攻关小组，设立重点项目。

1994 年，第六届，开始邀请来自珠海、山东、河南、浙江等地企业代表参观"星火杯"。

1995 年，第七届，开始得到校内外企业的热情关怀和大力支持。

1996 年，第八届，学生班团支部增设科技委员。

1997 年，第九届，制定完善了学生科技活动计学分、教师指导计工作量等相关制度。

1998 年，第十届，举办了"星火杯"科技讲座等竞赛同期活动。

1999 年，第十一届，设立"星火杯"科技展获奖项目奖金。

2000 年，第十二届，华为冠名资助"星火杯"，竞赛分学院初赛和学校决赛两级评审。

2001 年，第十三届，建立第一个大学生课外学术科技活动实践基地。

2002 年，第十四届，华为冠名资助"星火杯"，资助专项经费。

2003 年，第十五届，由学院开始承办"星火杯"终审决赛。

2004 年，第十六届，开始评选大学生科技英才。

2005 年，第十七届，"星火杯"在新老校区同时举行，在新校区开展首届"科技节"，举办竞赛专家讲座。

2006 年，第十八届，"星火杯"在新校区全面开展。

2007 年，第十九届，"星火杯"作品已经涉及电子、通信、机械、环保、管理、经济等多个领域。

2008 年，第二十届，"星火杯"作品数量突破历史最高点，初赛作品数量达 3123 件之多，作品涉及电子、通信、机械、环保、管理、经济等多个领域。

2009 年，第二十一届，"星火杯"主题歌确立，首次设立绿色环保主题。

2010 年，第二十二届，"星火杯"官方网站上线。

2011 年，第二十三届，"星火杯"网上报名、评审系统上线，首次设立俱乐部独立展厅。

2012 年，第二十四届，校国际教育学院首次组织留学生参赛。

2013 年，第二十五届，学校启动"大学生科技作品预孵化计划"，进一步推动学生科技作品转化。

2014 年，第二十六届，学校启动首届"校长杯"创新创业大赛，首次设立创业项目推介区，促进创新到创业可持续发展。

2015 年，第二十七届，建设"蒜泥创客空间"，举办首届"创客月"活动，设立 1000 万元"创新创业校长基金"，实施"休学创业政策"，促进学生创意到产品落地，全面推进学生创业。

2016 年，第二十八届，依托大学生创业预孵化基地，建设大学生"科技创业苗圃"。

2017 年，第二十九届，建设"普及实践层、创新提升层、创业扶持层"三级"校园众创空间"，包括创新创业展厅、创业苗圃、创客咖啡、科技展览室、创新工作坊等。

2018 年，第三十届，打造具有全产业链服务能力的创新创业服务体系。

（第三十届以后的"星火杯"概况本书暂不介绍。）

"星火人"感言

龙建成——"星火杯"发起人，1987 年至 1991 年任西安电子科技大学团委书记，后任学校党委副书记。

感言：基于高校立德树人根本任务和学校电子信息特色，创新共青团工作，进一步拓展团的工作领域，并结合学校学科特色，我们开始组织学生科技竞赛活动，为广大学生参与课外学术科技活动提供平台和空间，营造浓郁的校园科技文化氛围，增强学生实践动手能力和创新意识。取名"星火杯"，寓意大学生崇尚科学、实践创新的星星之火要形成燎原之势。

柏昌利——1991 年至 1995 年任校团委书记，后任学校技术物理学院党委书记等职。

感言：20 世纪 90 年代初，我校学生科技活动已经形成了蓬勃发展的态势，并引起了校内外的关注，我们开始以企业赞助的形式冠名"星火杯"。通过这一形式，很好地搭建了学生创新活动和企业研究课题联系的桥梁，激发了学生的参与热情，促进了科技活动的快速发展。

刘伯雅——1999 年至 2003 年任校团委书记，后任西安市碑林区委常委、宣传部长等职。

感言：大学生广泛参与课外科技学术活动，增强了创新意识，提高了动手能力，在国内外科技大赛中也取得了丰硕成果。我深深体会到，大学生课外科技学术活动是培养高素质人才的重要途径，西电毕业生一直深受用人单位的青睐也说明了这一点。

任小龙——2003 年至 2008 年任校团委书记，后任学校学生工作处处长等职。

感言：随着大学生课外科技学术活动的深入开展，我们通过作品申报、公开答辩、学术报告、师生交流等活动，既引导了学生积极参与、勇于实践，又鼓励了学生努力探索、乐于创新，还大力倡导科学精神和学术道德，逐步打造并形成了具有西电特色的"星火"文化。

第一届至第十四届"星火杯"概况

1988 年，西电首届"星火杯"大学生课外学术科技作品竞赛成功举办。"星火杯"创办旨在培养学生的科技创新意识，活跃校园学术气氛，激发学生课外科技活动的热情，充分展示我校大学生在科技活动方面的风采。1992 年成功举办第四届"星火杯"，首次有作品获国家专利，同时学校团委设立了科技实践部，更好地助力学校举办"星火杯"。1994 年开始邀请来自珠海、山东、河南、浙江等地企业代表参观第六届"星火杯"。1999 年，在第十一届"星火杯"科技竞赛中设立了"星火杯"科展获奖项目奖金。2000 年第十二届"星火杯"得到了华为的冠名资助，竞赛首次分学院初赛和学校决赛两级评审，每个"星火杯"作品都是各学院(部)在各自科技作品展览的基础上选拔出来的。2001 年，第十三届"星火杯"上建立了第一个大学生课外学术科技活动实践基地。2002 年，第十四届"星火杯"得到了华为的冠名资助专项经费。

往届"星火杯"报道

"星火杯"大学生课外学术科技作品竞赛从创办伊始，每年举办一届，规模不断壮大，影响力也在迅速扩大。参加活动人数已从第一届的 580 人增长到第十四届的 5000 人，参赛人数从第一届的 200 人增长到第十四届的 2300 人，作品数量从第一届的 87 件增加到第十四届的 815 件。第十四届"星火杯"的参加活动人数、参赛人数、作品数量均是首届"星火杯"的 10 倍左右。越来越多的西电学子踊跃参加"星火杯"科技竞赛，并在比赛中得到锻炼，收获成长。

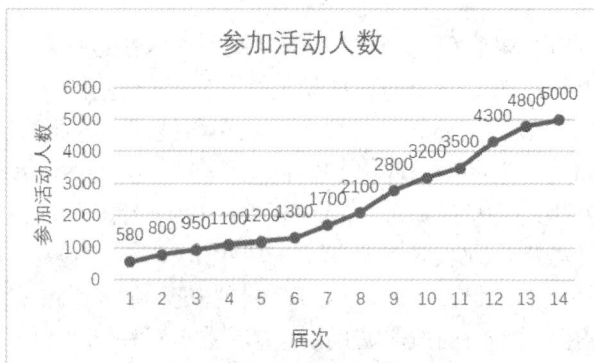

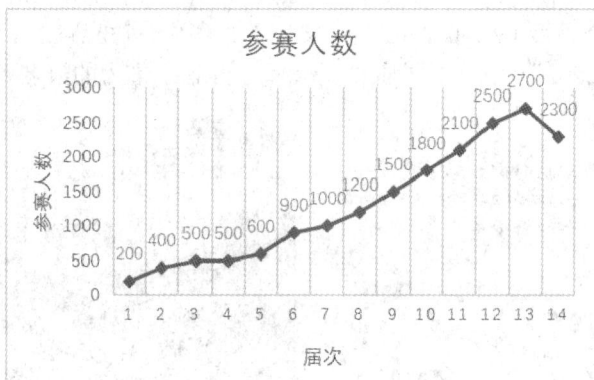

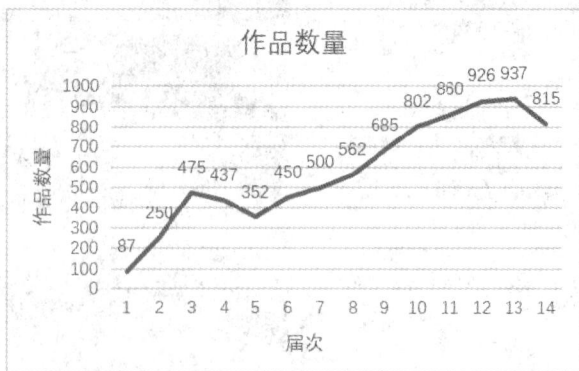

第一届至第十四届"星火杯"参加活动人数、参赛人数、作品数量数值分析

第十五届"星火杯"办赛历程

西安电子科技大学第十五届"星火杯"大学生课外学术科技作品竞赛在北校区步行广场举行了隆重的开幕仪式。校党委书记李立教授、陕西省科技协会领导孙冶同志出席了大会,各学院及各职能部门领导和全校千余名学生参加了大会。启动仪式由机电工程学院副院长邱扬教授主持。

开幕式在嘹亮的国歌声中正式开始,本届竞赛评审委员会主任、机电工程学院贾建援院长就大赛的筹备工作作了详细总结并简要介绍了评审的相关细则。校团委副书记陈晏辉老师就"星火杯"举办十五年来的光辉历程及以"星火杯"为龙头的系列科技活动所带来的积极影响作了详细的阐释,同时还介绍了本届"星火杯"的筹备、宣传、组织等方面的工作。陕西省科协领导孙冶同志也作了致辞,并对我校"星火杯"给予高度评价。

第十五届"星火杯"大学生课外学术科技作品竞赛开幕

校党委书记李立教授作了重要讲话,他指出,大学生应当具备解决实际问题的能力,要在大学生科技活动中灌输"创新"的思维。在讲到本届"星火杯"时,他特别对我校研究生提出了要求,鼓励他们积极参与到"挑战杯""星火杯"等大学生课外科技竞赛活动中去,并发挥其应有的作用。李立教授重点强调,在今后的科技活动中,人文社科方面要多出作品、出好作品,增强我校同学课外科技学术活动的人文气息。

校党委书记李立教授作重要讲话

"星火杯"在过去的十几年中，为我校同学搭建了展示才能、互相交流、互相竞争的课外学术科技活动平台，大大推动了我校校园文化建设，使得整个校园充满了浓厚的科技氛围，并最终促使我校在"挑战杯""大学生程序设计大赛""全国机器人电视大赛"等重大赛事中取得优异成绩。

本届"星火杯"继续秉承"崇尚科学、追求真知、勤奋好学、锐意创新、迎接挑战"的宗旨，积极搭建培养同学创新能力的舞台，激发同学的创新意识，培养同学的科技创新和公平竞争意识，不断在参赛作品的质量和创新上狠下工夫，提高本届"星火杯"竞赛的整体水平，力求将第十五届"星火杯"办成一次集科技创新和成果展示的盛会。

我们坚信，我校的"星火杯"大学生课外学术科技作品竞赛必将继续发挥其巨大作用，营造浓厚的校园学术氛围，推动我校科技的全面发展与繁荣，最终达到星星之火，可以燎原的效果。

在此，让我们预祝西电第十五届"星火杯"大学生课外学术科技作品竞赛取得圆满成功！

全校举办"星火杯"大学生课外学术科技作品竞赛

第十五届"星火杯"创办成效

今年我们迎来了"星火杯"的第十五个春秋,今年的"星火杯"无论是在形式上还是在内容上都有所开拓创新。首先,在活动的组织上,"星火杯"第一次交予院级单位承办,机电工程学院获得了本届"星火杯"的主办权,这不仅是"星火杯"科技活动的创新与改革,也是对我院科技活动的一个充分肯定。在办好"星火杯"的同时,力争体现出我院和各兄弟院系的特色,并在整体上体现出西电的特色。其次,扩大了作品的范围,首次加入了网站类、网页类、多媒体课件类、平面设计类作品。这样能够紧跟科技发展的步伐,更大范围地调动学生投身科技活动的热情。

本届"星火杯"的评审工作从始至终贯彻公平、公正、公开的原则,综合考虑作品的科学性、先进性、现实性三方面的因素。在收集作品阶段严格按照规定时间进行,逾期作品不予办理。本着"细致到点滴"的精神,我院学生干部对上交作品认真整理、反复核对,加班加点,绝不疏漏一件。在校内初评阶段,分送给评委老师的作品只标记编号,不附加作者资料,从而杜绝人情分。在校内终评阶段,评委们对有争议的作品进行了仔细的研究与讨论,真正做到公平、公正、公开。最终进入终审的论文、网站、软件及多媒体类作品进行公开答辩,以确定最终名次。有关比赛情况我们及时在机电工程学院网站(http://eme.xidian.edu.cn)和校团委网站上公布。

为保证会展期间各项工作能够顺利进行,我院积极制定了各项管理方案和服务条例。首先,为保证各院作品及展区的安全,我们制定了"各院物品管理条例",每一件送入展厅的物品都有专人负责登记、注册,要求做到不遗漏不丢失任何一件作品;其次,我们成立了一支16人的专门服务队,为会展期间提供各项服务,并搭建一个服务台,为各院提供如稳压电源、烙铁、万用表等一系列工具;最后,我们还组织了一支24人的值勤小队,以保证展厅夜间的安全。

今年是"星火杯"举办模式改革的第一年,希望在大家的努力下"星火杯"越办越好。

第十六届"星火杯"办赛历程

我校第十六届"星火杯"大学生课外学术科技作品竞赛终审决赛在北校区步行广场举行了隆重的开幕仪式。校党委副书记龙建成、副校长李汝峰出席了大会，各院部领导和全校两千余名学生参加了大会。校长段宝岩参观了学生科技作品的展览。启动仪式由计算机学院党委副书记赵谊生主持。

第十六届"星火杯"大学生课外学术科技作品竞赛开幕

开幕式上，本届竞赛评审委员会主任、计算机学院副院长武波就大赛的筹备工作做了详细总结，同时对本届竞赛评审的相关问题进行了简要的介绍，表示要严格按照"科学规范、公平公正、阳光评审"的原则对作品进行评审。校团委副书记陈晏辉介绍了本届"星火杯"的组织筹备、校院评审以及宣传等方面的工作。

开幕式上，校党委副书记龙建成作了重要讲话，他首先高度评价了多年来我校大学生课外学术科技活动开展的情况，并指出："星火杯"大学生课外学术科技作品竞赛是我校一项传统骨干活动，多年来，"星火杯"活动以其特有的魅力深受广大学生的欢迎，成为我校大学生科技创新的重要舞台。以"星火杯"为龙头的系列科技活动极大地推动了我校校园文化建设，带动了一大批学生积极参加科技创新活动，形成了浓厚的课外学术科技活动氛围。大学生课外科技活动不仅有效地提高了学生的动手能力和创新能力，更有助于弥补目前国内高校人才培养模式中普遍存在的"重理论教育、轻实践创新"的不足，使课堂教学和课外实践与研究相结合，成为一个有机的人才培养链条，让大学生们在积累知识的同时体验知识运用和创造的乐趣。这不仅是建设高品位校园文化的良好载体，也是全面提高学生素质的重要渠道。

龙建成指出：在今后的工作中，要不断从活动机制、内容、形式等各方面进行探索，积极搭建更为广阔的学生创新能力培养平台，激发学生的创新意识，培养和造就更多的中国特色社会主义现代化建设的创新人才。

"星火杯"作品展示现场

本届"星火杯"大学生课外学术科技作品竞赛终审决赛由计算机学院承办，初赛阶段全校共收集各类作品1500余件，经过为期两周的学院评审工作，共选拔出四大类616件作品参加学校的终审决赛，其中包括科技发明265件、软件开发和设计117件、自然科学类论文86篇、哲学社会科学类社会调查报告和学术论文148篇。

本次"星火杯"竞赛将继续秉承"崇尚科学、追求真知、勤奋学习、锐意进取、迎接挑战"的宗旨，积极搭建培养同学们创新能力的舞台，激发同学们的创新意识，培养同学们的科技创新和公平竞争意识，不断在参赛作品的质量和创新上狠下工夫，提高本届"星火杯"竞赛的整体水平，力求将本届竞赛办成一次集科技创新和成果展示的盛会。

我们坚信，我校的"星火杯"大学生课外学术科技作品竞赛必将继续发挥其巨大作用，营造浓厚的校园学术氛围，推动我校大学生学术科技活动的全面发展与繁荣。让我们预祝第十六届"星火杯"大学生课外学术科技作品竞赛取得圆满成功！

第十六届"星火杯"创办成效

第十六届"星火杯"大学生课外学术科技作品竞赛颁奖典礼在校大学生文化活动中心隆重举行。校党委副书记龙建成以及各学院、各职能部门的领导莅临了本次颁奖晚会，本届"星火杯"竞赛的评委们也应邀参加了晚会。

第十六届"星火杯"大学生课外学术科技作品竞赛颁奖典礼

　　本次颁奖典礼由校团委、学生会、学生科协共同主办，既是表彰第十六届"星火杯"大学生课外学术科技作品竞赛的获奖集体和获奖个人，又是对一年来我校大学生课外科技竞赛的一次总结。

　　晚会在具有中国传统特色的节目《中华武术》中拉开了序幕。富有节奏的音乐、富有动感的节奏，一开始就把晚会推向了高潮。本次颁奖典礼形式上独特新颖，节目上衔接紧凑。一首首积极向上、充满激情的歌曲，一段段旋律优美、活力四射的舞蹈，使台下的老师和同学们不时爆发出阵阵掌声。

　　晚会上首先颁发了"挑战杯"竞赛、"创业计划"竞赛、"IC 应用设计"竞赛等全国赛事的各项获奖奖项。随后颁发了本届"星火杯"的各项奖项，在进入复赛的 616 件作品中，共有 28 件作品获得一等奖、93 件作品获得二等奖、176 件作品获得三等奖。包括计算机学院的公交车自动报站系统、电子工程学院基于 PC 声卡的电声综合分析仪、机电工程学院的西电虚拟漫游系统、技术物理学院的冷聚变的可能性在内的 10 件作品凭借其实力摘走了特等奖的桂冠。此外，16 名在课外科技活动中表现优异的学生荣获首届西安电子科技大学"科技英才"荣誉称号。电子工程学院、机电工程学院、技术物理学院将今年的"优胜杯"纳为己有，而计算机学院凭借其雄厚的实力摘走了今年"星火杯"的桂冠。本次晚会还颁发了本届"星火杯"的优秀组织单位奖。

"星火杯"优秀组织单位奖颁发现场

校党委副书记龙建成在晚会上发表了热情洋溢的讲话，他首先回顾了"星火杯"16 年以来的光辉历程，并高度赞扬了以"星火杯"为龙头的我校大学生课外科技活动所取得的成就，同时龙建成书记对我校学子们提出了殷切希望，希望同学们能够好好珍惜现在来之不易的学习机会和学习环境，发扬优良革命传统，好好学习，早日成为有用之才，为国家建设做出自己应有的贡献。龙建成号召广大同学：星火之路永远在你们脚下，只要大家勇敢地迈开脚步，成功指日可待！

校党委副书记龙建成在晚会上发表讲话

　　下届的"星火杯"将由理学院承办，龙建成从赵谊生手中接过了"星火杯"的大旗，交到理学院院长吴振森手中。吴振森代表理学院表示：本届"星火杯"硕果累累，理学院一定会继续努力，再创辉煌，使下届"星火杯"更上一层楼！

　　不一样的青春旋律，却拥有同样的青春主题，充满激情的我们，将用我们的努力来写下我们的梦想！愿我们的"星火杯"越办越好！

第十七届"星火杯"办赛历程

我校第十七届"星火杯"大学生课外学术科技作品竞赛正式开幕。出席开幕式的校领导有党委副书记龙建成、副校长李汝峰和校长助理、教务处处长陈平,以及学工处、宣传部、校团委等相关部门和各学院的领导。

第十七届"星火杯"竞赛由校团委、理学院、校大学生科协联合举办,采取学院初赛和学校决赛相结合,新老校区展评分步推进的方式进行。本届竞赛初赛作品近 1600 件,最终决赛作品 750 余件。参赛作品从实际出发,关注社会热点,技术成熟,实用性强,充分体现了现阶段我校大学生课外科技活动的水平。

第十七届"星火杯"大学生学术科技作品竞赛开幕

据悉,本届"星火杯"竞赛还将结合本科教学评估,开展"新区首届科技节暨科技创新新区行"系列活动,"星火燎原"科普系列活动,"挑战杯"科技英才经验座谈会以及家电维修技术、计算机实用技术、单片机、学院电子技能对抗赛等小型培训、竞赛活动,最终将按照 3%、8%、24%、65%的比例评出特等、一等、二等、三等奖,以及一个"星火杯",两个"优胜杯"和三个"优秀组织奖"。

开幕式结束后,校领导前往大学生活动中心参观了本届"星火杯"决赛作品展览,详细了解了部分同学的参赛作品。

第十七届"星火杯"创办成效

我校第十七届"星火杯"大学生课外学术科技作品竞赛颁奖典礼在新校区隆重举行，历时四个月的第十七届"星火杯"大学生课外学术科技作品竞赛创办成效显著。

"星火杯"竞赛是我校大学生课外学术科技活动的标志性项目之一，也是我校具有悠久科技文化积蕴的特色活动。第十七届"星火杯"大学生课外学术科技作品竞赛由校团委、理学院、校大学生科协联合举办。为办好本届"星火杯"，展现西电浓厚的科技氛围，同时进一步增强新校区大学生的创新意识和课外科技活动的参与意识，校团委在"星火杯"的筹备方面开展了大量切实并且有效的工作。

本届"星火杯"竞赛首次采取学院初赛和学校决赛相结合，新、老校区展评分步推进的竞赛方式。考虑到两校区的现实情况，特别是新校区全部为本科一、二年级学生的实际，校团委制定了在"新、老校区深入宣传，学校、学院双重覆盖"的工作原则。为了在新校区普及"星火杯"知识、传承西电学子创新意识好、动手能力强的优良传统，校团委特意在新校区组织开展了"凌云之志星火相传，青年学子健康成才"万人签名活动，举办了"电子科技"专题讲座以及12场"星火杯"专题讲座。

经过四个月紧张而有序的准备，全校参与人数多达9000人次，共提交参赛作品近1400件，经各学院的专家初评，共评出752件优秀作品进入校级终审决赛，参赛人数和入围决赛作品数均创历史新高。其中，科技发明制作类作品339件、计算机软件开发和设计类作品62件、自然科学类科技论文119篇、哲学社会科学类社会调查报告和学术论文232篇。尤为可喜的是，新校区参赛作品达到了341件。

在"星火杯"科展期间，校团委结合本科教学评估进行了"新区首届科技节暨科技创新新区行"活动、"星火燎原"系列宣传与科普系列活动、"挑战杯"科技英才经验座谈会以及多场如家电维修技术、计算机实用技术、单片机以及学院电子技能对抗赛等形式的小型培训、竞赛活动，新校区10个学院共计派出27支代表队参加各种赛项，共有4000余人次参加了各项赛事。本次系列活动极大地丰富了新校区广大同学的文化生活，在营造新校区浓厚的科技文化氛围方面起到了重要的作用，帮助新校区学生拓宽了视野，提高了素养，形成了"科技无止境，星火漫新区"的良好氛围，这成为本次"星火杯"终审决赛期间的一个亮点。

本届"星火杯"参赛学生人数、作品数之多给布展和评审增加了一定的工作量和难度，但在"公平、公正、公开"原则指导下，评委老师和工作人员克服许多困难，顺利地完成了本届"星火杯"的评审工作。评审委员会由多年参加"星火杯"评审的有经验的专家组成，并分类对电子制作、自然科学论文、社会科学论文以及软件设计作品进行评审，在评审程序中采用现场演示、现场问辩和评委打分的方式，最大限度地保证了评审过程的客观性。最终理学院荣获"老校区星火杯"；技术物理学院获得"新校区星火杯"；电子工程学院和机电工程学院荣获"老校区优胜杯"；机电工程学院和微电子学院荣获"新校区优胜杯"；通信工程学院、经济管理学院、人文学院、软件学院荣获"优秀组织单位奖"。《基于 CMOS 图像传感器的可控成像系统》等 12 件作品被评为特等奖，《局域网攻击监测器》等 81 件作品被评为二等奖，《基于 J2ME 的手机理财软件》等 188 件作品被评为三等奖。

本次"星火杯"获奖作品都是学生在校期间完成的课外学术科技和社会实践活动的成果以及新近发明、研究的成果。作品从实际出发，思路比较新颖，技术比较成熟，关注社会热点，实用性较强，特别是新校区作品都是侧重解决社会生产生活中具体问题的一些电子制作以及解决实际问题的论文报告。这些获奖作品说明我校新校区大学生并不仅仅满足于猎取书本上的知识，他们更愿意在实践中增长自己的才干，运用自己所学的知识服务社会，充分体现了现阶段我校新校区大学生课外科技活动的实力和水平。

"凌云之志星火相传，西电学子健康成才"，本届"星火杯"竞赛的圆满成功离不开承办方理学院的辛勤付出，离不开学校领导的大力支持和各部门的通力配合以及广大同学的积极参与。校团委将会积极总结经验、吸取教训，在搭建学生创新能力舞台，激发学生创新意识方面继续努力，为营造一个浓厚的校园文化氛围，推动我校新老校区学生课外学术科技活动的全面繁荣而不懈奋斗。

第十八届"星火杯"办赛历程

为培养学生科技创新意识，营造浓厚的校园学术氛围，检阅学生学术科技水平，推动我校学生课外学术科技活动的全面繁荣，西安电子科技大学第十八届"星火杯"大学生课外学术科技作品竞赛终审决赛于2006年11月正式拉开帷幕。

"星火杯"竞赛是我校大学生课外学术科技活动的标志性项目之一，也是我校具有悠久科技文化积蕴的特色活动。第十八届"星火杯"大学生课外学术科技作品竞赛由校团委、微电子学院、校大学生科协联合举办，也是独立在新校区进行的第一届"星火杯"竞赛，为办好本届"星火杯"，展现西电浓厚的科技氛围，同时进一步增强新区大学生的创新意识和课外科技活动参与意识，校团委在"星火杯"的筹备方面开展了大量切实并有效的工作，不断在参赛作品的质量和创新上下工夫，力求把本届比赛办成提升层次、增加内涵、强化品牌、创出特色，集科技创新和成果展示的盛会。

本届竞赛采取学院初赛和学校决赛分步推进的竞赛方式。校团委多次召开工作会议，对竞赛的前期筹备工作以及终审决赛期间的总体安排等进行了深入探讨，制定了详尽的工作方案并推进落实，于2006年5月安排部署了竞赛工作并下发了安排意见，竞赛从宣传动员和培训阶段、作品准备阶段、院级初赛和作品展示阶段、决赛作品申报阶段，到校级决赛阶段历时八个月时间。

与本次"星火杯"竞赛同时进行的还有新校区第二届科学技术文化活动月系列活动。活动包括"星火杯"装机大赛、电脑运用系列讲座、网站架构搭建比赛、"星火杯"征文大赛、网络攻防表演赛、优秀科技作品PK、现场焊接比赛、频率测试技能大赛及电子技能对抗赛等30余项子活动，全校十二个学院都将派队参赛。

第十八届"星火杯"大学生课外学术科技作品竞赛将积极搭建培养学生创新能力的舞台，激发学生的创新意识，培养学生的科技创新和公平竞争意识，营造一个浓厚的校园文化氛围，推动我校学生课外学术科技活动的全面繁荣。

第十八届"星火杯"创办成效

　　我校第十八届"星火杯"大学生课外学术科技作品竞赛颁奖典礼在新校区隆重举行。校党委副书记龙建成，本届竞赛评审委员会主任、微电子学院院长庄奕琪，学工处处长蒋舜浩，组织部副部长季庆阳，教务处副处长赵树凯，评建办副主任李文兴，校团委书记任小龙及各学院主管科研、学生工作的领导出席了会议并为获奖集体和学生颁奖。

　　校党委副书记龙建成发表了重要讲话。首先，龙建成对"星火杯"竞赛全体工作人员及各位评审老师的辛勤工作表示感谢，并对竞赛的开展情况和取得的成就给予了充分肯定。他说，"星火杯"竞赛是我校大学生课外学术科技活动的标志性项目之一，也是我校具有悠久科技文化积蕴的特色活动，已连续开展了十八年，"星火杯"激发了全校学生参与科技活动的热情，为大学生进行课外学术科技活动提供了一个契机和良好的交流平台，增强了同学们的实践能力，进一步推动了我校大学生课外学术科技活动的发展。龙建成指出，"星火杯"竞赛不仅培养了学生较强的科技实践动手能力，而且为我校在全国性科技竞赛中取得优异成绩打下了坚实基础。本届"星火杯"参赛人数及作品数量均大幅增加，新校区上报作品2200余件，参赛人数5000余人，体现了全校关注"星火杯"，人人参与科技活动的良好氛围。本届"星火杯"的参赛作品不仅数量及质量得到提高，而且向实用性、效益性等方面迈出了探索的步伐，并取得了良好的成效，希望广大新校区学生继承发扬优良传统，刻苦钻研，在大学生活中锻炼出过硬的本领。最后，龙建成对"星火杯"的发展寄予厚望，希望"星火杯"再接再厉，越办越好，要求组织单位进一步从活动机制方面进行有益探索，增强时效性，扩大覆盖面，激发学生创新意识，推动学生科学素质的全面提升。

　　校团委副书记林波代表竞赛组委会对本届"星火杯"作了工作总结。第十八届"星火杯"大学生课外学术科技作品竞赛由校团委、微电子学院、校大学生科协联合举办，也是独立在新校区进行的第一届"星火杯"竞赛，竞赛从宣传动员和培训阶段、作品准备阶段、院级初赛和作品展示阶段、决赛作品申报阶段，到校级决赛和表彰阶段历时八个月时间。本届"星火杯"竞赛呈现了以下特点：

　　第一，将日常科技普及活动与"星火杯"竞赛有机结合，宣传培训工作深入扎实。

第二，加大了科技活动实践基地与课外科技活动制度建设力度，优化了学生科技创新环境。

第三，营造了浓厚的校园科技文化活动氛围，为教学评优做出了贡献。

第四，本届"星火杯"参赛作品数和参赛人数创历史新高，竞赛整体水平提高，参赛作品实用性增强。

学工处处长蒋舜浩宣读了第十八届"星火杯"竞赛表彰决定，《水质远程在线监测管理系统》等18件作品获特等奖，《基于光电原理的粉尘浓度测量仪设计》等44件作品获一等奖，《可设定式汽车超速监控系统》等128件作品获二等奖，《公共场所人流车流监测系统》等305件作品获三等奖。机电工程学院获得"星火杯"，电子工程学院、软件学院、微电子学院、通信工程学院获得"优胜杯"，计算机学院、人文学院、技术物理学院、理学院、经济管理学院、长安学院、高等职业技术学院获得"优秀组织单位奖"。

本届"星火杯"竞赛作品水平及实用性进一步增强，许多作品已经投入实际使用，产生了一定效益，这是以前历届所未有的。《静态人脸识别系统》已被四川大学实验室所采用；《通用网络知识竞赛系统》已在陕西省电力公司试运行；《欧文世界网》已投入运营多年，注册人数超过十万；《程序比对系统》已有公司准备进一步联合研发，这些都说明我校学生不仅仅满足于猎取课本上的知识，更愿意在实践中增长才干，运用自己的知识服务社会。

大会最后隆重进行了授旗仪式。在全体师生热烈的掌声中，第十八届"星火杯"竞赛承办单位微电子学院院长庄奕琪教授向竞赛组委会交还了"星火杯"会旗，校党委副书记龙建成将"星火杯"会旗授予了第十九届"星火杯"承办单位代表软件学院党委书记齐新黔。会上，向广大师生现场演示了本届"星火杯"竞赛优秀作品，学校对第十八届"星火杯"大学生课外学术科技作品竞赛获奖集体及个人予以了表彰。

第十九届"星火杯"办赛历程

我校第十九届"星火杯"大学生课外学术科技作品竞赛终审决赛在新校区大学生活动中心隆重开幕,校党委副书记龙建成,组织部部长、学工处处长蒋舜浩,竞赛评委会主任软件学院院长武波,以及各学院的主管领导、兄弟高校学生科协负责人出席了开幕式。竞赛评委会副主任、软件学院副院长郑有才主持开幕仪式。

第十九届"星火杯"参赛作品展上满目琳琅,新奇夺目,各类科技作品吸引了无数师生关注。本届"星火杯"由软件学院承办,历时八个月紧张而有序的准备之后,全校12个学院共上报参赛作品3011件,作品数量创历史之最。经各学院的专家初评,共评出1772件作品进入终审决赛,其中,科技发明制作类作品797件、计算机软件开发和设计类作品498件、自然科学类科技论文174篇、哲学社会科学类社会调查报告和学术论文303篇,其中研究生作品达到48件。

据校团委副书记林波介绍,这些作品中有的是同学们在校期间完成的课外学术科技作品,作品从实际出发,思路比较新颖,技术也比较成熟;有的是同学们社会实践活动的成果,这些作品关注社会热点、实用性较强;还有的是同学们自己创造性的发明,构思巧妙,灵气逼人……这届竞赛充分体现了我校大学生课外科技活动的实力和水平。

校党委副书记龙建成以及相关职能部门和学院的主管领导出席了竞赛开幕式,并兴致勃勃地参观了作品展。龙建成副书记谈到,我校历来注重学生实践动手能力和创新意识的培养,按照普及与提高相结合、重在普及的原则,不断加强对学生普及性课外科技活动的支特,以"星火杯"为标志的课外科技活动就是我校群众性课外科技活动的代表。"星火杯"历史长、规模大、学生参与面广,已经成为我校校园文化的品牌活动。连年开展的"星火杯"竞赛培养出了一大批优秀的人才,在"挑战杯"等大赛中为学校争得了荣誉。

本届竞赛还吸引了兄弟高校大学生和社会媒体的关注。以"星火杯"火热开场,"第四届新区科技学术文化活动月"拉开帷幕,在此期间将陆续开展科技游园会、电脑百事通义务咨询、航天知识展、科技作品PK赛、科技英才经验座谈会以及学院电子技能对抗赛等活动。

第十九届"星火杯"创办成效

十二月的校园已经是寒气逼人，但丝毫阻挡不了同学们参与"星火杯"的饱满热情，广阔明丽的校园内洋溢着崇尚科学、锐意创新的喜人氛围。初来乍到的大一新生对校园活动跃跃欲试的冲动，老练成熟的大四学长对科技竞赛彰显个人魅力的轻车熟路，从教室的讲座和培训到实验室的焚膏续晷，从电脑前的不倦查阅到电子市场的匆匆身影，"星火杯"让每一份真心投入的热情都有收获。它为有志于提高科技创新和实践能力的同学提供了锻炼和展示自我的平台，让我们不再停留于纸上谈兵，让我们果敢地对闭门造车式的学习说不，全身心投入到伟大的学术科技创造中去。

在第十九届"星火杯"闭幕式上，校团委副书记林波向大会作了第十九届"星火杯"情况介绍。本届"星火杯"竞赛由校团委主办，软件学院承办。在历时八个月的准备之后，全校 12 个学院上报参赛作品 3011 件。经各学院的专家初评，共评出 1772 件作品进入终审决赛，其中科技发明制作类作品 797 件，计算机软件开发和设计类作品 498 件，自然科学类科技论文 174 篇，哲学社会科学类社会调查报告和学术论文 303 篇。参赛作品中研究生作品达到了 48 件。这些作品思路比较新颖，技术比较成熟，关注社会热点，实用性较强，充分体现了现阶段我校大学生课外科技活动的实力和水平。

校党委副书记龙建成对进入终审决赛的各位同学表示祝贺，并对积极支持学生课外科技活动的有关部门和老师表示衷心的感谢。他说，我校十分重视学生实践动手能力和创新意识的培养，按照普及与提高相结合、重在普及的原则，不断加强对学生普及性课外科技活动的支持，以"星火杯"为标志的课外科技活动就是我校群众性课外科技活动的代表，由于其历史长、规模大、学生参与面广，现已经成为我校校园文化中的品牌。连年开展的"星火杯"竞赛培养出了一大批优秀的人才，在"挑战杯"等大赛中为学校争得了荣誉，提升了学校的形象。此外，龙建成书记还结合当前我国形势对大学生课外科技活动提出了要求，他指出当代社会是自主创新的社会，这需要通过开展丰富多彩的活动，使学生了解历史使命，传承西电精神，更加刻苦学习，用自己的爱国热忱与专业知识为祖国的发展和繁荣做出贡献。

本届"星火杯"竞赛特别进行了双语宣传活动，喷制了英语宣传展板及条幅。竞赛期间还开展了"第四届新区科技学术文化活动月"活动，举办了科技游园会、电脑百事通义务咨询、航天知识展、科技作品赛、科技英才经验座谈会以及学院电子技能对抗赛等形式的小型培训、竞赛活动，帮助学生拓宽视野，提高素养。

第二十届"星火杯"办赛历程

我校第二十届"星火杯"大学生课外学术科技作品竞赛终审决赛在新校区大学生活动中心隆重开幕,校党委副书记龙建成,竞赛评委会主任、电子工程学院院长焦李成,各职能部门的领导和各学院的主管领导、兄弟高校学生科协负责人等出席了开幕式。竞赛评委会副主任、电子工程学院副院长石光明主持开幕仪式。

校团委副书记朱文凯首先向大会作了第二十届"星火杯"情况介绍。本届"星火杯"竞赛由校团委主办,电子工程学院承办。在历时八个月的准备之后,全校 11 个学院上报参赛作品 3123 件。经各学院的专家初评,共评出 1880 件作品进入终审决赛,其中科技发明制作类作品 999 件,计算机软件开发和设计类作品 363 件,自然科学类科技论文 174 篇,哲学社会科学类社会调查报告和学术论文 344 篇。本届竞赛将评出 490 个奖项,同时本届竞赛为鼓励同学们的创新意识,提高创新能力,树立创新榜样,还将评出"十大"科技英才,并特设一项最佳作品创意奖。这些作品都是学生在校期间完成的课外学术科技或社会实践活动的成果以及新近的发明成果。这些作品思路比较新颖,技术比较成熟,关注社会热点,实用性较强,充分体现了现阶段我校大学生课外科技活动的实力和水平。

随后,评审委员会主任、电子工程学院院长焦李成代表承办方就竞赛准备情况向大会作了介绍,并代表评委会表态,保证竞赛的公平公正,鼓励同学们积极参加科技活动。

校党委副书记龙建成对进入终审决赛的各位同学表示祝贺,并对积极支持学生课外科技活动的有关部门和老师表示衷心的感谢。他说,今年是第二十届"星火杯",1988 年我们组织举办了第一届"星火杯",活动意寓就是让更多的西电学生参与科技创新,让西电校园科技创新氛围形成星星之火、燎原之势。我校十分重视学生实践动手能力和创新意识的培养,按照普及与提高相结合、重在普及的原则,不断加强对学生普及性课外科技活动的支持,以"星火杯"为标志的课外科技活动就是我校群众性课外科技活动的代表,由于其历史长、规模大、学生参与面广,现已经成为我校校园文化中的品牌。连年开展的"星火杯"竞赛培养出了一大批优秀的人才,在"挑战杯"等大赛中为学校争得了荣誉,提升了学校的形象。此外,龙书记还结合当前我国形势对大学生课外科技活动提出了要求,他指出当代社会是自主创新的社会,这需要通过开展丰富多彩的活动，使学生了解历史使命，传承西电精神，更加刻苦学习，用自己的爱国热忱与专业知识为祖国的发展和繁荣做出贡献。

仪式结束之后，各位领导和新校区学生参观了本届"星火杯"科技作品展览。本届"星火杯"竞赛特别进行了双语宣传活动，喷制了英语宣传展板及条幅。竞赛期间还将开展"第五届新区科技学术文化活动月"活动，举办科技游园会、电脑百事通义务咨询、航天知识展、科技作品赛、科技英才经验座谈会以及学院电子技能对抗赛等形式的小型培训、竞赛活动，帮助学生拓宽视野，提高素养。

今年,恰逢我国改革开放30周年和西电迁址西安办学50周年。而我校"星火杯"大学生科技活动也走过了二十年历程。让我们揭开"星火杯"科技创新的新一页，让"星火杯"成为西电学子实现自我、提升能力的创新舞台。

第二十届"星火杯"创办成效

2008 年注定是不平凡的一年。在这改革开放 30 周年、西电迁校 50 周年之际，"星火杯"也走过了 20 个春秋。这一切似乎也预示着本届"星火杯"的精彩。

众所周知，"星火杯"与国家科学技术发展和西电创新人才发掘密切结合。不仅得到了历届西电学子的热情响应，激起了校园科技创新的热潮，而且其影响力已经融入社会，受到广泛关注。"星火杯"不仅为广大西电学子提供了一个展示个人能力的舞台，也已成为检验大家各方面能力的"试金石"。20 年前，星火初燃；20 年后，星火燎原！

本届"星火杯"历时 8 个月，共分 4 个阶段——动员与培训、作品准备、院级初赛和校级终审。其中校级终审又分为初审、复审和终审答辩三个部分，保证了竞赛的公开、公平和公正。

本次"星火杯"先后共有 13000 人参与，并有 7126 名选手向竞赛组委会提交作品 3123 件，为历届规模之最。经各学院的专家初评，共评出 1880 件作品，其中科技发明制作类作品 999 件、计算机软件开发和设计类作品 363 件、自然科学类科技论文 174 篇、哲学社会科学类社会调查报告和学术论文 344 篇。本届竞赛将评出 490 个奖项，同时本届比赛还评出了"十大"科技英才奖，并特设 1 项最佳作品创意奖。值得一提的是，本届"星火杯"还吸引了许多大一新生的热情参与，而且他们在校评中也有着不错的表现。

12 月 5 日，本届"星火杯"圆满落幕。然而，"星火杯"的精神已经深深植入了西电学子的心中。他们必将本着勇于创新的精神在今后的学习和生活中取得更大的成功。最后，让我们共祝星火之光永远普照西电！

第二十一届"星火杯"办赛历程

西安电子科技大学第二十一届"星火杯"大学生课外学术科技作品竞赛终审决赛在大学生活动中心拉开帷幕，本次"星火杯"以"绿色环保节能、服务校园生活"为主题，由校团委、大学生科协主办，机电工程学院承办。出席开幕式的领导有党委副书记龙建成、各职能部门领导和各学院主管领导，以及协办单位华为技术有限公司西安研究所所长王海杰。开幕式由机电工程学院副院长邱扬主持。本届"星火杯"组委会主任、校党委副书记龙建成代表学校祝贺"星火杯"开幕。

第二十一届"星火杯"大学生课外学术科技作品竞赛开幕式

开幕式上，校团委副书记朱文凯首先就大赛筹备情况进行了汇报。本届"星火杯"组委会副主任、机电工程学院党委书记仇原鹰、华为西研所所长王海杰分别代表承办单位与协办单位致辞。

本届"星火杯"组委会主任、校党委副书记龙建成代表学校向大赛表示祝贺并讲话。他指出，"星火杯"是我校 21 年来形成的重点品牌活动，在同学们的创新精神与实践动手能力的培养方面发挥着更为重要的作用，要在工作中努力推进大学生课外学术科技活动不断朝着科学化、制度化、普及化的方向发展，同时他也指出本届"星火杯"确定的"绿色节能环保、服务校园生活"的主题对于拓展同学们的视野和社会责任感是一次很好的尝试。

随后开幕式举行了剪彩仪式，仪式结束后在热烈的气氛中各位领导和新校区学生共同参观了本届"星火杯"科技作品展览。作品展将为期一周，向全校同学开放，并将在每天下午安排作者为大一新同学进行现场讲解。

"星火杯"讲解现场

据了解，本届"星火杯"全校共有 13000 余人参加或参与各类相关科技活动，并有 6721 名同学向本届竞赛组委会提交参赛作品 2561 件，大赛将评选出 466 项个人奖项。本届"星火杯"在校团委、机电工程学院和大学生科协的积极努力下，有两项尝试：一是为了鼓励同学们在立足校园的同时，拓展放眼全社会的视野和增强社会责任感，首次确定"绿色环保节能、服务校园生活"的主题；二是为了表彰长期以来在课外科技活动中付出辛勤劳动的指导老师们，从本届"星火杯"起增设"星火园丁"奖。

第二十一届"星火杯"创办成效

2009 年 12 月 16 日晚，第二十一届"星火杯"大学生课外学术科技作品竞赛闭幕式暨颁奖典礼在南校区大学生活动中心小剧场举行。这标志着历时八个月、由校团委、机电工程学院、校大学生科协联合举办的本届"星火杯"正式落下帷幕，赛事各类奖项同时揭晓。

第二十一届"星火杯"大学生课外学术科技作品竞赛闭幕式

本届"星火杯"大赛组委会主任、校党委副书记龙建成发表讲话

颁奖典礼上，大学生们进行了精彩的文艺表演。图为节目"安塞腰鼓"

颁奖典礼结束后，获得"星火园丁"奖的赵建、张昌民、赵文平
(手捧鲜花者，从左至右)三位教授与领导合影

"在参加'星火杯'的过程中，我们的团队一起去面对、解决难题，这是一段美好的回忆。"谈起参加"星火杯"的感受，谭灵炎充满感慨。"我们在努力的过程中学会了很多东西，尤其是团队合作精神，它对取得成功太重要了。""星火杯"激发了机电工程学院大三学生谭灵炎的科技创新热情，他的团队完成的《双足自平衡人形机器人的研究与制作》项目获得了本次竞赛的特等奖。

据了解，全校共有 13000 余人参加了本届"星火杯"及其各类相关科技活动，6721 名同学向竞赛组委会提交了 2561 件参赛作品。12 月 4 日，"星火杯"大学生课外学术科技作品竞赛终审决赛暨作品展在大学生活动中心开幕，1793 件作品入围终审决赛。作品涵盖科技发明作品、计算机和软件设计作品、自然和社会科学论文、文献综述等各个类别，从不同领域和方向，全面展现了我校学生科技创新活动的成果。

据大赛评委会主任、机电工程学院院长贾建援介绍，本届"星火杯"作品大量的创意来源于同学们的生活，这些作品从实际出发，思路比较新颖，技术比较成熟，关注社会热点，实用性较强，充分体现了现阶段我校大学生课外科技活动的实力和水平。更可喜的是，本届"星火杯"以节能环保为主题，有助于同学们开阔眼界和培养社会责任感。他同时指出，本届作品的水平较上一届有一定的提高，但在作品的系统性、工程性、完备性等方面还需要进一步加强。

本届"星火杯"经过院内初赛、决赛，作品问辩、优秀作品交叉复议、公开答辩四个阶段，25位校内专家和2位校外专家的评审，评出特等奖12件，一等奖41件，二等奖119件，三等奖316件。同时授予机电工程学院"星火杯"，通信工程学院、电子工程学院"优胜杯"，技术物理学院、计算机学院、微电子学院、软件学院等四个单位为"优秀组织单位"。机电工程学院赵建教授等三位老师荣膺首次进行评选的"星火园丁"奖，通信工程学院的陆毅等8位同学获得"科技英才"奖，邢泽亮、周严威、马欢三位同学的"教室照明节能智能控制系统"获"绿色科技先锋"奖。

本届"星火杯"大赛组委会主任、校党委副书记龙建成指出，"星火杯"的举办，极大地浓郁了学校的科技创新氛围，进一步引导了学生将发明创造面向社会需求、瞄准国家科技创新热点，对于激发同学们的创新意识、增强实践能力起到了积极的作用。他希望同学们积极投身科技创新活动，进一步培养创新意识和动手能力，增强爱国心和责任感，加强复合型知识的学习，勇于实践，做创新型人才。他要求学校各相关部门要从制度、机制和实验条件上进一步探讨如何提高"星火杯"水平，使"星火杯"之花更加鲜艳。

长期指导我校学生参与"星火杯"活动的机电工程学院赵建教授表示，"星火杯"活动多年的发展表明，在"星火杯"中取得优异成绩的同学，今后一般都会有很好的发展。他希望同学们能够珍惜参加"星火杯"的机会，在这个平台上激发创新意识，提高实践能力，培养团队合作精神，为将来进入社会打下良好的基础。

第二十二届"星火杯"办赛历程

西安电子科技大学第二十二届"星火杯"大学生课外学术科技作品竞赛终审决赛在大学生活动中心隆重开幕。本届比赛以"科技点亮人生,智慧浇灌未来,创新铸就成功"为主题,由校团委和大学生科协共同主办,通信工程学院承办,同时得到华为科技有限公司和瑞芯微电子有限公司的大力支持。本届"星火杯"组委会主任、党委副书记龙建成,竞赛评委会主任、通信工程学院院长张海林,学校各职能部门、各学院相关负责人以及协办单位华为西安研究所所长龚体等出席了开幕式。校团委副书记朱文凯主持开幕仪式。

党委副书记龙建成、华为西安研究所所长龚体和与会嘉宾共同启动第二十二届"星火杯"

党委副书记龙建成、华为西安研究所所长龚体为华为创新俱乐部揭牌

张海林首先代表承办学院致辞。他说，通信工程学院作为承办单位十分重视本次竞赛，经过八个月的准备，在多方共同努力下本届"星火杯"形成了三个活动特色：一是研究生热情参赛；二是"星火杯"拥有了自己的官方网站；三是文献综述大赛和电子沙盘竞赛正式引入竞赛，"星火杯"赛事体系进一步完善。这些特色将进一步推进"星火杯"的发展。

本届"星火杯"提交的参赛作品都是学生利用课余时间完成的课外学术科技作品或社会实践活动成果以及新近的发明成果。这些作品思路比较新颖，技术比较成熟，关注社会热点，实用性较强，充分体现了现阶段我校大学生课外科技活动的实力和水平。评委们将保证竞赛的公平公正，并鼓励同学们积极参加科技活动。

龚体在致辞中指出，华为公司对学校在提高学生创新发展和实践能力工作方面表示赞赏，并对"星火杯"的开幕和西电华为创新俱乐部的成立表示祝贺。他强调，华为把在高校的第一家学生俱乐部创立在西电，就是希望通过搭建长期合作平台，鼓励西电学子施展才华，共同提高人才培养质量。

龙建成在讲话中带领与会人员重温了"星火杯"走过的22年历程。他指出，22年来创新精神的种子已经深深地植入西电这片沃土之中，"星火杯"作为实践创新活动的品牌在同学们的创新精神与实践动手能力的培养方面发挥了更为重要的作用。他希望团委在工作中努力推进大学生课外学术科技活动不断朝着科学化、制度化、普及化的方向发展。同时，他对新成立的华为创新俱乐部表示了祝贺并提出了期望。

随后，龙建成与龚体共同主持了华为创新俱乐部揭牌仪式，并与嘉宾们用水晶球共同启动了第二十二届"星火杯"。

仪式结束后，在热烈的气氛中各位领导和同学们一同参观了本届"星火杯"科技作品展览。根据竞赛组织安排，作品展将持续一周，向全校同学开放，并将在每天下午安排作者为大一新同学进行现场讲解。

据悉，本届"星火杯"全校共有13000余人参加或参与各类相关科技活动，全校12个学院的7000余名同学向本届"星火杯"提交作品3257件。经各学院的专家初评，共评出2528件作品进入终审决赛，其中科技发明制作类作品1515件，计算机软件开发和设计类作品298件，自然科学类科技论文175篇，哲学社会科学类社会调查报告和学术论文326篇，文献综述214篇。本届"星火杯"将评出468个奖项，同时为了表彰长期以来在课外科技活动中付出辛勤劳动的指导老师们，本届"星火杯"还将继续评选"星火园丁"奖。

第二十二届"星火杯"创办成效

二十二载"星火杯",让神奇延续,本届比赛以"科技点亮人生,智慧浇灌未来,创新铸就成功"为主题,全校共有 13000 余人参加或参与各类相关科技活动,全校 12 个学院的 7000 余名同学向本届"星火杯"提交作品 3257 件。经各学院的专家初评,共评出 2528 件作品进入终审决赛,其中科技发明制作类作品 1515 件,计算机软件开发和设计类作品 298 件,自然科学类科技论文 175 篇,哲学社会科学类社会调查报告和学术论文 326 篇,文献综述 214 篇。本届"星火杯"评出 468 个奖项,为了表彰长期以来在课外科技活动中付出辛勤劳动的指导老师们,本届"星火杯"继续评选出"星火园丁"奖。

华为西安研究所技术合作处处长郭永强在接受采访时对"星火杯"赞不绝口,他已经是第二次参加"星火杯"了。他说:"'星火杯'可以锻炼学生的动手能力,同时,获过奖的学生,在以后应聘时会加重他的筹码。"

华为西研所龚体认为,"星火杯"能延续 22 年是不可思议的,之所以可以延续这么长时间,主要是因为"星火杯"的开放性、创新性激发了学生的浓厚兴趣,继而出现了今天"星火杯"百花齐放的局面。

在众多参赛作品中,同学们结合自身所学,深入研究,大胆创新,呈现出了一件件令人称赞的作品。可以说,"星火杯"点燃了西电学生科技创新的"星星之火",为大学生挥洒求知热情、展示聪明才智搭建了广阔舞台。

1988 年,西电首届"星火杯"竞赛诞生。今天,"星火杯"比赛俨然已经成为西电一大盛事。"星火杯"的精神已经深深植入了西电学子的心中。他们必将本着勇于创新的精神在今后的学习和生活中取得更大的成功。最后,让我们共祝星火之光永远普照西电!

第二十三届"星火杯"办赛历程

　　西安电子科技大学第二十三届"星火杯"大学生课外学术科技作品竞赛终审决赛在大学生活动中心开幕。我校校友、中国艺术摄影学会主席杨元惺，党委副书记龙建成，华为技术有限公司西安研究所所长崔威出席开幕式。本次"星火杯"以"八秩伟大历程 电波永载西电硕果；廿三载星火传承 科技成就青春梦想"为主题，由校团委、大学生科协主办，计算机学院承办。党委常委、组织部部长蒋舜浩，各职能部门负责人及各学院相关负责人参加了开幕式。开幕式由校团委副书记朱文凯主持。

中国艺术摄影学会主席杨元惺、校党委副书记龙建成等启动本届"星火杯"

中国艺术摄影学会主席杨元惺和校党委副书记龙建成等参观作品展

杨元惺寄语西电学子，他深情讲述了自己在母校的成长经历及从事摄影的体会，他勉励同学们要珍惜在校的青春时光，掌握科技创新的方法，锻炼好身体，为将来为祖国做贡献打下坚实的基础。

本届"星火杯"组委会主任、校党委副书记龙建成在讲话中指出，"星火杯"是我校 23 年来形成的重点品牌活动，在同学们的创新精神与实践动手能力的培养方面发挥着重要作用，在工作中要努力推进大学生课外学术科技活动不断朝着科学化、制度化、普及化的方向发展。他说，本届星火杯确定的"八秩伟大历程 电波永载西电硕果；廿三载星火传承 科技成就青春梦想"的主题与庆祝母校的 80 华诞相结合，主题鲜明、寓意深刻。他鼓励广大西电学子能够感受实践创新的快乐，将西电精神融入到自我全面发展上来，做西电优良校风学风的传承者，做南校区优良校风学风的建设者、发展者，向实践学习，努力成才。

开幕式上，本届"星火杯"组委会副主任、计算机学院党委书记于晓飞、华为西研所所长崔威分别代表承办单位与协办单位致辞。

开幕式结束后，与会领导与新校区学生共同参观了本届"星火杯"科技作品展览。本届作品展首次设立俱乐部独立展区，在校庆期间展出一周，与我校签订战略合作协议的华为技术有限公司相关人员，参加两岸青年交流活动的师生以及众多校友和同学参观了展览。

据了解，本届"星火杯"共吸引 13500 余人参加或参与了各类相关科技活动，6829 名同学向竞赛组委会提交参赛作品 2572 件，大赛评选出 515 项个人奖项。另外，活动承办学院计算机学院科协根据计算机学院的专业特色，为本届"星火杯"制作了"网上作品申报/评审系统"，为同学们参赛提供了方便，大大提高了作品评审的效率，促进了"星火杯"更好的发展。

第二十三届"星火杯"创办成效

西安电子科技大学第二十三届"星火杯"大学生课外学术科技作品竞赛终审决赛在西电大学生活动中心成功创办。本届"星火杯"以"八秩伟大历程 电波永载西电硕果；廿三载星火传承科技成就青春梦想"为主题。

本届"星火杯"共吸引13500余人参加或参与了各类相关科技活动，6829名同学向竞赛组委会提交参赛作品2572件，大赛评选出515项个人奖项。另外，承办学院计算机学院科协根据计算机学院的专业特色，为本届"星火杯"制作了"网上作品申报/评审系统"，为同学们参赛提供了方便，大大提高了作品评审的效率，促进了"星火杯"更好的发展。

本届"星火杯"组委会主任、校党委副书记龙建成在讲话中指出，"星火杯"是我校23年来形成的重点品牌活动，在同学们的创新精神与实践动手能力的培养方面发挥着重要作用，在工作中要努力推进大学生课外学术科技活动不断朝着科学化、制度化、普及化的方向发展。他说，本届"星火杯"确定的"八秩伟大历程 电波永载西电硕果；廿三载星火传承 科技成就青春梦想"的主题与庆祝母校的80华诞相结合，主题鲜明、寓意深刻。他鼓励广大西电学子能够感受实践创新的快乐，将西电精神融入到自我全面发展上来，做西电优良校风学风的传承者，做南校区优良校风学风的建设者、发展者，向实践学习，努力成才。

"星火杯"是我校科技活动的一个知名"品牌"，自1988年创办，"星火杯"至今已有二十三年的历史。作为一项富有学校特色、以电子类发明创新为主的基础性赛事，"星火杯"为广大西电学子提供了一个量身定做的舞台。影响了二十余届的西电学生。无数西电人从"星火杯"开始，不断磨砺着自己的综合能力，提高自己的理论知识和工程实践水平，逐渐参与到更高水平的竞赛中去。一大批参加过"星火杯"的优秀人才代表我校参加国内外的各项科技竞赛，并连连取得佳绩。星星之火可以燎原，星火之杯传承着我校的优良传统，更引领我们走向科技创新之路。

第二十四届"星火杯"办赛历程

科技点亮生活，创意启迪人生。2012 年 12 月 6 日下午，西电第 24 届"星火杯"科技作品竞赛终审决赛在南校区大学生活动中心开幕，校党委副书记、竞赛组委会主任龙建成，华为技术有限公司西安研究所所长崔威，陕西校友会张化冰等出席开幕仪式。

第二十四届"星火杯"开幕仪式

龙建成在致辞中讲到，"星火杯"不仅是西电校园文化的一个知名"品牌"，更是西电大学生"创新创意的青春舞台，就业创业的金质名片"。二十四年来，"星火杯"深深地影响着二十余届西电大学生的学习和生活，成为积极引导大学生开展研究式学习、培养创新精神、培育国际化视野和动手能力的试金石。他希望同学们怀抱梦想，以创新创业作为实现人生奋斗目标的实践途径，把投身创新创业作为成长成才的不懈追求；持之以恒，不断保持创新创业的热情，不断激发活力，在创新创业的实践中成长为社会主义事业的有用人才。

西电校友参观"星火杯"现场

崔威与张化冰以西电校友的身份，通过自己在大学时代参加"星火杯""挑战杯"等科技竞赛的切身体验，为同学们讲述科学发展的魅力，感受科技发展的成就。

开幕仪式上，本届"星火杯"评委会主任、技术物理学院院长曾晓东介绍参赛作品情况。本届"星火杯"共提交作品 3362 件，经各学院初赛选拔最终入围终审决赛作品 2896 件。其中，自然科学类学术论文 131 篇，哲学、社会科学调查报告及学术论文 205 篇，发明制作类 1720 件，计算机软件和设计类 357 件。此外，为了鼓励广大同学开展研究型学习，第五届"星火杯"文献综述大赛继续举行，共有 483 篇作品进入终审决赛。作品涉及自然科学类学术论文、哲学社会科学调查报告及学术论文、发明制作、计算机软件和设计、文献综述等 6 类，入围作品将角逐特等、一等、二等、三等奖共 542 个奖项。

"星火杯"作品竞赛中的调试现场

开幕式结束后，与会领导与南校区学生共同参观了本届"星火杯"科技作品展览。本届"星火杯"作品多从实际出发，思路比较新颖，技术比较成熟，侧重解决生产和生活中的具体问题。获得 2012 年意法半导体 iNEMO 设计大赛唯一一个一等奖的蛇形机器人作者金杰说，"看到自己的作品能解决实际生活中的困难，帮助完成原先人工并不容易操作的工作，我和我的团队感到非常欣喜。事实证明，我们青年人可以用自己的智慧和创意为社会的进步和发展发挥一定的作用。"

据了解，本次"星火杯"以"相约探索发现，参与经验分享；引领绿色生活，放飞青春梦想"为主题，由校团委、大学生科协主办，技术物理学院承办。

出席开幕式的还有校党委常委、组织部部长蒋舜浩，宣传部、教务处、学工处、校团委及各学院相关负责人。开幕式由校团委副书记朱文凯主持。

第二十四届"星火杯"创办成效

我校第二十四届"星火杯"大学生课外学术科技作品竞赛颁奖典礼在新校区隆重举行,校长郑晓静参观了第二十四届"星火杯"课外科技作品展,并欣然为"星火杯"题词"星星之火 希望之光"。

郑晓静在参观过程中向校团委相关负责同志了解了"星火杯"赛事情况,并表示要进一步鼓励和支持大学生课外科技活动。郑晓静先后来到《基于图像处理的多点触控系统》《双模态身份识别人力资源定位管理系统》《虚拟脸谱平台》等作品的展台前,不时向创作者了解作品创作灵感、创作过程、创作原理以及实际运用前景等细节。她鼓励同学们,要利用好"星火杯"这个科技创新平台,相互帮助、相互学习、团结协作、分享快乐,并希望大学生们通过科技创新竞赛,进一步增强创新理念,拓宽视野,增长知识,提高技能。

本届"星火杯"评委会主任、技术物理学院院长曾晓东介绍了参赛作品情况。本届"星火杯"共提交作品 3362 件,经各学院初赛选拔最终入围终审决赛作品 2896 件。其中,自然科学类学术论文 131 篇,哲学、社会科学调查报告及学术论文 205 篇,发明制作类 1720 件,计算机软件和设计类 357 件。此外,为了鼓励广大同学开展研究型学习、第五届"星火杯"文献综述大赛继续举行,共有 483 篇作品进入终审决赛。作品涉及自然科学类学术论文、哲学社会科学调查报告及学术论文、发明制作、计算机软件和设计、文献综述等六大类,入围作品将角逐特等、一等、二等、三等奖共 542 个奖项。

不一样的青春旋律,却拥有同样的青春主题,充满激情的我们,将用我们的努力来写下我们的梦想!愿我们的"星火杯"越办越好!

第二十五届"星火杯"办赛历程

创新助力孵化，创意开启未来。2013 年 11 月 22 日下午，西电第 25 届"星火杯"大学生课外学术科技作品竞赛终审决赛在南校区大学生活动中心开幕，校党委副书记、竞赛组委会主任龙建成，西电陕西校友会常务副会长、西安渭北工业区开发建设领导小组办公室副主任金乾生，西电上海、苏州校友会秘书长、鲲鹏通讯有限公司董事长王阳，华为技术有限公司西安研究所合作交流处处长郭永强等出席开幕仪式。参加开幕式的还有党委组织部、教务处、科学研究院、学生工作处、实验室与设备处、校友总会及各学院负责教学和学生工作的负责人，学校企业创新俱乐部企业代表，在陕媒体代表，以及陕西兄弟高校的学生科协代表。

校党委副书记龙建成讲话

龙建成书记在致辞中讲到，高校是培养和造就创新型人才的摇篮，科技创新是大学教育的重要组成部分，是全面育人不可或缺的重要环节。"星火杯"二十五年的历程，在校园形成了深厚的科技底蕴和良好的创新氛围，激励一代代西电青年学子积极参与，热情响应，通过学术科技创新为实现"中国梦"贡献力量。他希望同学们能够在"星火杯"科技竞赛这个舞台上，用智慧之火点亮创意光芒，激活创新潜能，点燃创业激情。希望学校共青团组织要从学校育人中心工作大局、学校人才培养目标、青年学生成长成才等方面新需求的高度出发，来组织开展比赛。要从活动机制、内容、形式等方面不断加以改革创新，不断扩充"星火杯"内涵，持续发挥以"星火杯"为龙头的课外学术科技竞赛的引领作用，鼓励和带动更多青年学生参与到学术科技创新活动中来。

金乾生指出，创新在于实践，创新实践在创新人才培养中具有不可或缺的作用。学校和企业联合开展"星火杯"竞赛的社会化办赛方式是促进大学生创新实践正确的路径，需要持续下去。他希望同学们通过创新实践，选择真正适合自己的方向，最大程度地发掘自己的潜力。

金乾生校友致辞

开幕式上，王阳等人为"鲲鹏创新俱乐部"揭牌。王阳在致辞中讲到，鲲鹏通讯倡导创新，注重和高校的合作，西电鲲鹏创新俱乐部是公司联合高校成立的第一家学生创新俱乐部，俱乐部在前期成立筹备阶段，已经孵化出一个商业科技项目，他相信通过学校团委、鲲鹏通讯和俱乐部学生项目团队的共同努力，将会产生出更多具有市场前景的科技孵化项目。

王阳校友致辞

开幕仪式上，本届"星火杯"评委会主任、软件学院院长武波介绍参赛作品情况。本届"星火杯"共有 16 个学院，上交作品 3283 件，最终入围学校终审决赛作品 2714 件。其中，科技发明制作类 2134 件、计算机软件和设计类 208 件，自然科学类学术论文 154 篇、哲学社会科学调查报告及学术论文 172 篇。竞赛组委会邀请来自全校的 24 位评委专家和 2 位校外专家组成评审组，分 6 组对入围终审决赛作品进行评审,并按照作品总数的 20%评出特等、一等、二等、三等奖。

校党委副书记龙建成、校友金乾生等参观作品展

开幕式结束后,与会领导、嘉宾和参赛师生共同参观了本届"星火杯"科技作品展。根据竞赛日程安排,作品展将持续一周,向全校同学开放,并将在每天下午安排作者为大一新同学进行现场讲解,促进同学们之间的交流与学习。

据了解,本届"星火杯"以"星火创新路 共圆科学梦"为主题,由校团委和大学生科协共同主办,软件学院承办,同时为突出社会化办赛理念,竞赛组委会协同相关企业共同组织竞赛,得到了华为技术有限公司、陕西校友会、瑞芯微电子、鲲鹏通讯、北方光电集团等单位的大力支持。竞赛期间,还举办了第十届"大学生科技英才"评选、"创新创业大讲坛"——创业校友与青年学子面对面、"奋斗的青春最美丽——创新故事分享汇""我的创新故事"科技视频展播等活动。

第二十五届"星火杯"创办成效

开放办比赛、开放办活动，第二十五届"星火杯"紧紧围绕社会化办赛，受到了新闻媒体的高度关注，吸引了一批校友、相关企业、中小学生、社区居民参与到赛事中来。

据了解，本届"星火杯"共有 2714 件作品入围终审决赛。竞赛期间，西安晚报、华商报、陕西电视台、西安教育电视台等媒体分别以《西安大学生3D 打印机器人》《看看这些小发明 或许你能用得上》《自行车变"遥控器" 生活也能科技化》为题，对动感单车、3D 打印机、智能环保浇花装置、老人儿童定位系统、智能农业大棚、嵌入式飞行器三维轨迹实时显示及图形化控制系统、智能快递存取机、可遥控的定时插座和矿井安监定位管理系统、远程体感控制服务机器人等科技作品给予了报道。烟台日报、洛阳晚报、扬州时报、济南时报、楚天金报等多家外省市的都市类报纸转载了报道。

华为创新俱乐部学生为华为公司领导介绍俱乐部的手机软件作品

在传统媒体对本届"星火杯"进行报道的同时，也引发了新媒体对"星火杯"的高度关注。2013 年 11 月 23 日，拥有 550 万粉丝的"每日经济新闻"新浪微博发布了关于西电第二十五届"星火杯"科技作品的微博；11 月 24 日，网易通过手机客户端在科技频道头条推荐了西电第二十五届"星火杯"，并以994 条跟帖量成为当天科技频道跟帖第一的新闻。

此外，据百度收录的新闻源搜索统计，全国共有超过 180 个优质重点网络媒体对西电第二十五届"星火杯"科技作品进行了转载报道。在凤凰网科技频道上，参与这条新闻讨论的网友达到 5737 人，共发布了 383 条评论。

陕西高校深圳校友联合会的代表、部分西电深圳校友一行参观科技作品展

媒体对于"星火杯"的报道引起了社会各界的广泛关注。竞赛期间，多所高校和企业单位来校参观"星火杯"作品展，并与参赛学生进行深入交流，部分企业代表和学校进行了相关科技作品成果转化的洽谈意向。

11月26日，西安铁一中师生代表近100人来到西电，兴致勃勃地参观了第二十五届"星火杯"大学生科技作品和大学生科技创新基地，体验了3D打印机、动感单车、自平衡两轮小车、自主学习的皮影戏表演设备等作品。12月5日，华为合作部部长林海波、华为无线产品线合作部部长成林、华为西安研究所所长崔威、华为西安合作处处长郭永强等华为公司领导一行参观了"星火杯"科技作品展。12月6日，陕西高校深圳校友联合会的代表、部分西电深圳校友一行参观了科技作品展。

此外，清华大学信息科学与技术国家实验室物联网技术中心、西安电影制片厂、西安海荣集团、西电产业集团、陕西力辉电子科技有限公司等单位的代表以及部分西电国家大学生科技园企业代表均来校参观了作品展，并对大学生的作品表示赞赏。

第二十六届"星火杯"办赛历程

创意点亮梦想，创新助力孵化，创业成就未来。2014 年 11 月 20 日下午，西电第二十六届"星火杯"大学生课外学术科技作品竞赛终审决赛在南校区大学生活动中心开幕，校党委副书记、竞赛组委会主任龙建成，西安高新技术产业开发区创业园发展中心副主任岳利敏，西电校友、西安东风机电有限公司总经理任卫东，华为技术有限公司西安研究所合作交流处处长郭永强，力邦投资集团总裁秦云，美国国家仪器中国高校销售经理陈庆全，碑林区环大学创新产业带管委会副主任陈晓玲，陕西西科天使投资基金合伙人段喆，西安慈善大学生创业园秘书长王飞等出席开幕活动。参加开幕活动的还有党委宣传部、教务处、学工处、国家大学科技园及各学院负责教学和学生工作的负责人，学校企业创新俱乐部企业代表，西安市科技局、西安高新创业园、创业孵化基地、创投基金等单位代表，西电青年创业校友代表，在陕媒体代表，以及陕西兄弟高校的学生科协代表。

第二十六届"星火杯"大学生课外学术科技作品竞赛终审决赛开幕式

开幕活动上，大学生艺术团舞蹈团带来了开场舞蹈"星火之光 逐梦西电"。学校举行了"文化科技创意工作坊""力邦创业孵化俱乐部""NI—LabView 创新俱乐部"揭牌仪式，微电子学院党委书记、竞赛组委会副主任赵树凯，机电工程学院教授、竞赛评委会副主任赵建，校团委书记朱文凯与岳利敏、秦云、陈庆全等嘉宾共同为工作坊和俱乐部揭牌。

开幕仪式上，微电子学院院长、竞赛评委会主任张玉明教授介绍了参赛作品申报、评审情况。本届"星火杯"共有 16 个学院 27 个企业俱乐部参赛，共上交作品 3639 件，经各学院初赛选拔最终入围终审决赛作品 2801 件。其中，科技发明制作类作品 1959 件、自然科学类学术论文 265 篇，哲学、社会科学调查报告及学术论文 106 篇，文献综述论文 298 篇，计算机软件和设计类 173 件。竞赛组委会邀请来自全校的 26 位评委专家和 3 位校外专家组成评审组，分 7 组对入围终审决赛作品进行评审，并按照作品总数的 20% 评出特等、一等、二等、三等奖。

科学技术与传统文化齐发展 创新创意与服务社会相结合

开幕式结束后，与会领导、嘉宾和参赛师生共同参观了文化科技创意工作坊、科技作品展区和创业项目推介区。

在科技作品展厅，不仅有创意十足的发明，而且最重要的是学生作品能够从多领域本着服务生活的原则进行创新创造，入选决赛的作品涵盖了人们生产生活的方方面面。

在文化科技创意工作坊，有从创新创业孵化阶段走向产品化的"蒜泥科技——3D 打印服务"项目，还有"华夏留影——自主学习的皮影表演设备""提线木偶""妙趣剪纸"等多个项目，这些文化科技创意项目实现了将中国的传统文化元素和科学技术有效结合。

在科技发明制作展区，通信工程学院大二学生王博研发的"智能云安全家居机器人"极大地提升了机器人和人的交互感；空间科学与技术学院张子恒等同学研发的"气象卫星云图地面接收站"以低廉的价格普及了尖端专业科技；长安学院大三学生徐栋彬自主研发设计的"基于嵌入式控制器的三自由度云台"实现了无人机航拍功能；物理与光电工程学院陈安沛等同学研发的"基于 SEMG 的肌电控制手环"旨在为可穿戴设备提供全新的人机交互体验；大三学生陈侠宇、徐亮、张德清发明制作了"疲劳驾驶监测仪"；电子工程学院安子健等同学研发的"可见光通信音乐播放器"实现了可见光通信的双工通信、断点续传、抗干扰能力强等功能。

在人文社科类作品展区，人文学院李如玉等同学的"城乡一体化背景下'被上楼'农民生活满意度调查"体现了同学们对社会的关注以及社会实践成果的深化。

在软件类作品展区，由软件学院大二学生制作的"Sport Join"是一款基于位置信息和好友关系的运动社交应用，它的核心功能就是帮助人们解决没有人一起运动的烦恼，主要解决人们运动时没有动力、没有伙伴、没有监督、没有效果、没有成就感五大痛点；微电子学院研究生孙景鑫开发的"智能锁 APP"直接通过声波即可开锁。

在企业创新创业俱乐部展区，微软创新俱乐部于京平等同学开发的 3D 游戏"森林的心"对 3D 世界进行了遮挡剔除(Occlusion Culling)和光照贴图(Lightmapping)等贴图剔除和渲染优化，节约了程序对系统资源的消耗，并实现了 PC、Mac、Linux、IOS、Android、WP、WEB 等跨平台的应用。华为创新俱乐部王一凡等同学研发的"智能路灯控制系统"实现了节能控制照明、环境检测、车速监测等功能。

首次设立创业项目推介区 推动创新到创业可持续发展

竞赛在"大学生科技作品孵化计划"实施的基础上，首次设立了创业项目推介区，积极邀请创投代表、创业基金合伙人、校友、相关企业等参与到大赛中来，搭建创业项目投融资平台。在创业孵化作品展区，由力邦创业孵化俱乐部郭浩等同学开发的"智能点滴输液系统"通过点滴报警、点滴加温、测速、调速、远程监控等功能，实现医疗看护领域智能化。由 Echo 大学生创业团队研发的"Zing 智能防近视眼镜"通过 24 小时随身跟踪用户用眼状况提供预防近视的穿戴式解决方案，而团队的另一个产品"Zing 智能腕表"则是一款基于物联网思想、嵌入式技术，软硬件相结合的智能手表，主打健康、社交、娱乐功能。

据校团委相关负责同志介绍，围绕"校内校外协同促创业"的工作理念，校团委协同教务处、科研院、就业指导中心、校友总会、产业集团、大学生科技园等相关部门，注重将政府、企业、社会、媒体等资源引进来，营造创业氛围，助力创业孵化与实践，以市场需求为导向，重点建设了文化科技创意创业工作坊，并依托创业工作坊，建设"1931 创业咖啡"，以"天天有咖啡、周周有沙龙、月月有路演"的运营思路，为西电学子搭建起一个具有导师帮扶、资本对接、技术交流、创业咨询等服务功能的"创业苗圃"，打造具有全产业链服务能力的创新型创业孵化平台。

据了解，本届"星火杯"以"西电予力青年 科技智绘未来"为主题，由校团委和大学生科协共同主办，微电子学院承办，同时为突出社会化办赛理念，重点突出"开放办比赛""开放办活动"的理念，竞赛组委会联合华为技术有限公司、瑞芯微电子等相关企业共同组织竞赛，同时积极吸引更多的校外人员，特别是校友、相关企业、中小学生、社区居民等参与到竞赛活动中来，更好地推动科技成果转化，发挥学校服务社会的功能。竞赛期间，还举办了"1931创业咖啡"、"创新创业大讲坛"——创业校友与青年学子面对面、"大学生科技英才"评选、"星火杯"科创论坛、创业项目路演、文化科技创意创业工作坊参观、科技作品展览等活动。根据竞赛日程安排，作品展将持续一周，向全校同学开放，并将在每天下午安排作者为大一新同学进行现场讲解，促进同学们之间的交流与学习。

据悉，围绕学校人才培养目标，在学校创新创业体系总体要求下，校团委通过"制度完善、竞赛组织、校企合作、基地建设、星火计划、创业孵化"等六大模块，完善管理制度和工作程序规范，构建以"星火杯"竞赛为龙头的分层次、分类别、阶梯式科技创新竞赛实践育人体系，紧紧围绕学校"构建基于学生自我发展的本科教育体系和基于学生创新创业的研究生教育体系"，把握和挖掘"星火杯"竞赛的契合点和内涵，在"星火杯"开展过程中，强化学生自我发展能力，培育学生创新思辨的精神；注重和发扬星火文化品牌，打造具有学校特色、符合时代特点的星火文化品牌。

第二十六届"星火杯"创办成效

西安电子科技大学第二十六届"星火杯"大学生课外学术科技作品竞赛闭幕式暨颁奖典礼在南校区大学生活动中心隆重举行,校党委副书记、校科技活动领导小组组长、"星火杯"组委会主任龙建成,西电90级校友、华为技术有限公司西安研究所所长崔威出席闭幕式。党委宣传部、教务处、学工处、校团委等职能部门负责人,各学院负责教学和学生工作的负责人,本届"星火杯"评审专家代表,华为西安研究所合作交流处负责同志以及获奖集体和个人代表参加了闭幕式。

龙建成在闭幕式上发表讲话,他指出,十八大报告把"实施创新驱动发展战略"放在加快转变经济发展方式部署的突出位置提出,意味着创新在中国经济发展中的至关重要性,面对新的形势和新的发展任务,全国上下正掀起"大众创业、万众创新"的新浪潮。当前,全校上下正在围绕如何落实国家创新驱动发展战略,如何更有力地服务国家需求,如何提升人才培养质量,如何培育和造就一大批创新型人才全面深化综合改革。其中,"星火杯"大学生课外学术科技作品竞赛就是我们持续传承并不断创新的一项重要的育人载体,"星火杯"经过26年的发展,在校园沉淀了深厚的科技底蕴、形成了浓郁的创新文化,已经深深地影响着我校大学生的学习和生活,成为积极引导同学们开展研究式学习、培养创新精神、培育国际化视野和提升工程实践能力的"创新创意创业的青春舞台"。

本届"星火杯"大赛组委会主任 校党委副书记龙建成发表讲话

龙建成讲到，没有创新就没有创业，创新、顿悟固然重要，但顿悟首先要建立在渐悟的基础之上，它必须要有知识的储备。他对同学们提出了三点殷切希望：一是希望同学们首先要始终肩负国家使命，勇于担当，努力奋斗，促使学校不断提升自主创新能力，持续服务国家重大战略需求，推动学校内涵式发展。二是希望同学们一定要熟练掌握专业知识和基本技能，培养自己的兴趣，以扎实的知识储备和专业技能作支撑，密切跟踪经济社会发展的前沿，紧密关注科学技术进步的趋势，广泛涉猎其他科学领域的知识，不断开阔眼界、拓宽视野，为更高层次的创新活动奠定基础。三是希望同学们通过参与"星火杯"等课外学术科技活动，提升创新思辨精神和实践能力，最终形成自我发展能力，用"星火杯"的"星星之火"来点亮自己的"创新之光"。

闭幕式上，代晨、于涛、郭晨、刘宇彤等同学的一曲《点亮未来》拉开了颁奖典礼的序幕，"星火园丁"奖、"科技英才"奖、优秀企业创新创业俱乐部奖、特等奖等奖项逐一揭晓。在第一轮颁奖环节之后，伴随着张浩、蒋浩然的歌曲《追寻》，全场师生共同回顾了 26 年的星火历程，感受"星火杯"带给我们的那份激情、那份感动，第二轮颁奖环节进行了"优秀组织单位"奖、"优胜杯"的揭晓和颁奖。在大学生艺术团舞蹈团带来的原创舞蹈《星火之光 逐梦西电》之后，"星火园丁"奖和最具分量的大奖"星火杯"尘埃落定。闭幕式最后进行了会旗交接仪式，在下一届"星火杯"承办学院、经济与管理学院院长王安民接过"星火杯"会旗之后，本届"星火杯"闭幕式在"星火杯"主题曲《星火之光》合唱中圆满落下帷幕。

"星火杯"会旗交接仪式 经济与管理学院承办下一届"星火杯"

"星火杯"获奖学院电子工程学院代表与校党委副书记龙建成合影

"优秀组织单位"奖颁奖

"科技英才"奖颁奖

"星火园丁"奖颁奖

颁奖典礼上，大学生艺术团进行了精彩的文艺表演。图为歌曲"点亮未来"演出现场

本届"星火杯"经过院内初赛和决赛、作品问辩、优秀作品交叉复议、公开答辩四个阶段，经过 26 位校内专家和 3 位校外专家的评审，最终 465 个作品获奖，其中《基于物联网的全智能安全家居机器人》等 14 件作品被评为特等奖；《适用于各种睡姿的定时自动回收耳机助手》等 39 件作品被评为一等奖；《基于网络的远程监控控制系统》等 115 件作品被评为二等奖；《基于 51 单片机的智能小车》等 297 件作品被评为三等奖。同时授予电子工程学院"星火杯"，通信工程学院、微电子学院"优胜杯"，物理与光电工程学院、先进材料与纳米科技学院、经济与管理学院 3 个单位获"优秀组织单位"奖。

电子工程学院副教授王新怀、经济与管理学院教授王林雪、微电子学院教授蔡觉平荣膺"星火园丁奖"；杨旭东等 10 名同学被授予第十一届"大学生科技英才"称号；华为创新俱乐部、微软技术俱乐部等 14 个俱乐部被授予"优秀企业创新创业俱乐部"称号。

"星火杯"特等奖颁奖

"优胜杯"颁奖

优秀企业创新创业俱乐部颁奖

　　长期指导我校学生参与"星火杯"活动的机电工程学院教授赵建表示，"我们学校'星火杯'已经历经 26 届，时间之长，全国罕见，反映出我们学校在对学生科技实践活动方面的重视。他希望同学们珍惜参加'星火杯'的机会，注重团队合作，提高工程实践能力。"通信工程学院教授刘乃安表示，"'星火杯'参与的深度、广度越来越大，同学们的积极性很高，参赛的作品也非常不错，希望同学们在作品的工程性、完备性、展示性等方面进一步加强。"软件学院教授杜军朝则表示，"学生参赛积极性很高，作品做得也不错，希望同学们更多地从行业和市场需求出发，从用户体验出发，去研发设计更好的产品。"

　　据了解，本届"星火杯"以"西电予力青年 科技智绘未来"为主题，由校团委和大学生科协共同主办，微电子学院承办，历时近 8 个月，共有 16 个学院 27 个企业俱乐部参赛，上交作品 3639 件，经各学院初赛选拔最终入围终审决赛作品 2801 件。作品涵盖科技发明作品、计算机和软件设计作品、自然和社会科学论文、哲学与社会科学调查报告及学术论文、文献综述等各个类别，从不同领域和方向，全面展现了我校学生科技创新活动的成果。同时为突出社会化办赛理念，重点突出"开放办比赛""开放办活动"，竞赛组委会联合华为技术有限公司、瑞芯微电子等相关企业共同组织竞赛，同时积极吸引更多的校外人员，特别是校友、相关企业、中小学生、社区居民等参与到竞赛活动中来，更好地推动科技成果转化，发挥学校服务社会的功能。竞赛期间，还举办了"1931 创业咖啡"、"创新创业大讲坛"——创业校友与青年学子面对面、"大学生科技英才"评选、"星火杯"科创论坛、创业项目路演、文化科技创意创业工作坊参观、科技作品展览等活动。

第二十七届"星火杯"办赛历程

青春闪耀创新路，创客圆梦在西电。2015 年 12 月 11 日下午，西电第二十七届"星火杯"大学生课外学术科技作品竞赛终审决赛在南校区大学生活动中心开幕，校党委常委、总会计师刘延平，西电 90 级校友、华为技术有限公司西安研究所所长崔威出席开幕活动。参加开幕活动的还有党委宣传部、科研院、电工电子实验中心、校团委及各学院负责教学和学生工作的相关人员，学校企业创新俱乐部企业代表，中科创星孵化器等创业孵化器、创投基金单位代表，绿豆芽科技等西电创业团队代表，在陕媒体代表，以及陕西兄弟高校的学生科协代表。

终审决赛开幕启动仪式

刘延平在开幕式上致辞，他指出，西电历来重视大学生创新创业教育，当前学校正在围绕如何落实国家创新驱动发展战略，如何提升人才培养质量，如何培育和造就一大批创新型人才开展工作思考与顶层设计。围绕西电人才培养目标，学校正全力实施教育教学"质量提升计划"，同时把创新创业教育融入人才培养全过程，结合学科专业特色，从"点燃热情、培育团队、扶持重点"三个层次，激发大学生创新思维，培育大学生创业意识，其中，"星火杯"大学生课外学术科技作品竞赛就是我们持续传承并不断创新的一项重要的基础性工程。下一步，学校将不断推进创新创业教育与专业教育深度融合、创新创业教育课程体系构建与实践教育平台深度融合、创新创业校内资源与社会资源深度融合，围绕"创客"理念和"创新2.0"，建设科技创业苗圃和创客大厦，同时通过"校长创新创业基金""蒜泥创客空间""创新创业训练营"等举措，将学生创意落地，促进学生科技作品向产品转化，努力搭建好大学生创新创业服务平台，助力同学们成就梦想、开创未来。

刘延平致辞

崔威在开幕式上发言，他强调，华为的发展离不开西电的支持，感谢西电多年来为华为输送了大批优秀的人才。"工程师文化是西电人和华为人共同的特质，是一种把产品做到极致的共同追求，是求真务实的价值观，是精益求精的工匠精神。"崔威通过讲述西电海外校友创业的故事，向在场师生阐述西电和华为共同倡导的工程师文化。

崔威发言

开幕式上，学校举行了"机器人创新实践基地暨机器人俱乐部"和"无人机创新实践基地暨无人机俱乐部"揭牌仪式，刘延平、崔威、机电工程学院党委书记林松涛、空间科学与技术学院党委书记梁玮等嘉宾共同为实践基地和俱乐部揭牌。

领导及嘉宾揭牌

　　开幕式上，经济与管理学院院长，本届"星火杯"评审委员会主任王安民介绍了参赛作品申报、评审情况。本届"星火杯"共有16个学院56个企业俱乐部参赛，共上交作品3942件，经各学院初赛选拔最终入围终审决赛作品3298件。其中，科技发明制作类2638件、自然科学类学术论文及文献综述论文137篇、哲学社会科学调查报告及学术论文260篇、计算机软件和设计类263件。

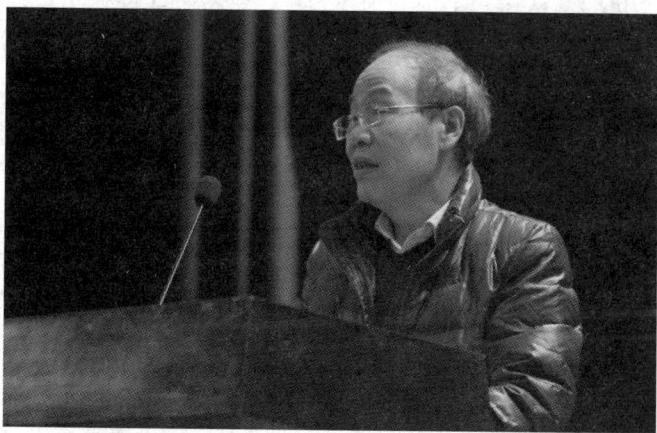

王安民介绍参赛作品申报、评审情况

　　开幕式结束后，与会领导、嘉宾和师生共同参观了科技作品展区、企业创新创业俱乐部展区和创业项目推介区。

　　据悉，本届"星火杯"以"青春闪耀创新路，创客圆梦在西电"为主题，由校团委和大学生科协共同主办，经济与管理学院承办。竞赛期间，还举办了"蒜泥创客空间"创意汇、"挑战杯"团队面对面、"1931 创业咖啡"创新创业沙龙、"创新创业大讲坛"——创业校友与青年学子面对面、"大学生科技英才"评选、"星火杯"科创论坛、创业项目路演、科技作品展览等活动。根据竞赛日程安排,作品展将持续一周,向全校同学和西安市高新一中、西安铁一中等同学开放,并将在每天下午安排作者为大一新同学进行现场讲解,促进同学们之间的交流与学习。

领导与嘉宾参观各展区

　　据了解,学校团委紧扣学校育人中心工作,围绕学校人才培养目标,在学校创新创业体系总体要求下,完善管理制度和工作程序规范,构建以"星火杯"竞赛为龙头的分层次分类别阶梯式科技创新竞赛实践育人体系,把握和挖掘"星火杯"竞赛的契合点和内涵,在"星火杯"开展过程中,强化学生自我发展能力,培育学生的创新思辨精神;注重和发扬星火文化精神,打造具有学校特色、符合时代特点的星火文化品牌。同时为进一步深化大学生创新创业内涵,推动大学生创业实践,围绕"政府主导、高校主动、企业协同、校友参与、社会关注"校内校外协同促创业的工作理念,注重将政府、企业、社会、媒体等资源引进来,营造"青春闪耀创新路,创客圆梦在西电"的创新创业氛围,助力创业孵化与实践,努力推动学校在创新创客创业"三创"上,形成"'星火杯'创新竞赛""西电众创空间""1931创业咖啡"三大品牌。

第二十七届"星火杯"创办成效

西电第二十七届"星火杯"大学生课外学术科技作品竞赛终审决赛在南校区大学生活动中心成功创办。本届"星火杯"以"青春闪耀创新路，创客圆梦在西电"为主题。共有 16 个学院 56 个企业俱乐部参赛，共上交作品 3942 件，经各学院初赛选拔最终入围终审决赛作品 3298 件。其中，科技发明制作类 2638 件、自然科学类学术论文及文献综述论文 137 篇、哲学社会科学调查报告及学术论文 260 篇、计算机软件和设计类 263 件。

其中不乏科技水平高、制作精良、实用性强的大神级作品，如多功能侦察机器人、三轴改装飞行器等，这些作品都充分体现出现阶段我校大学生课外科技活动的实力和创新实践水平，让人大开眼界。现场人头攒动，气氛热烈，参观的同学们相互交流，相互学习，在自己喜欢的作品前驻足观赏，享受科技成果带来的喜悦。

"星火杯"是我校大部分同学进入大学以后参加的第一个竞赛，该活动的意寓是让更多的西电学生参与科技创新，让西电校园科技创新氛围形成星星之火、燎原之势。我校十分重视学生实践动手能力和创新意识的培养，以"星火杯"为标志的课外科技活动就是我校群众性课外科技活动的代表，由于其历史长、规模大、学生参与面广已经成为我校校园文化中的品牌。连年开展的"星火杯"竞赛培养出了一大批优秀的人才，赢得了多项荣誉，提升了学校的形象。

本届"星火杯"参赛人数是历年来最多的，较第二十六届有很大的进步，充分体现了在学校及各学院领导的带领下，积极响应国家提出的"大众创业，万众创新"的号召。此次"星火杯"活动中各院也举办了作品展，给予那些未进入校赛的优秀作品一个展示的机会，让学院其他的同学们与获奖参赛同学更好地学习与交流参加校赛的经验，激发同学们的创造力和热情，同时也创造了良好的创新氛围。

西电学子们应该以"星火杯"为起点，发挥自己的想象力与创造力，让大学成为实现自我、提升能力的舞台。

第二十八届"星火杯"办赛历程

西电第二十八届"星火杯"大学生课外学术科技作品竞赛终审决赛在南校区大学生活动中心开幕，党委副书记、竞赛组委会主任龙建成，华为技术有限公司西安研究所合作交流处处长郭永强，西安蒜泥科技孵化器有限公司董事长曾凡宏，中国科学报陕西记者站站长张行勇，西电青年创业校友、谦石星网产业基金投资经理张延杰，西科天使基金合伙人段喆，福州瑞芯微电子股份有限公司资深 IC 产品工程师王新军，深圳锐明技术股份有限公司人力资源部经理周玉玲出席开幕活动。

第二十八届"星火杯"开幕仪式

参加开幕活动的还有党委宣传部、研究生工作部、学生工作处、科研院、产业集团、校团委及各学院负责教学和学生工作的负责人，学校企业创新俱乐部企业代表，蒜泥科技孵化器、西科天使基金等创业孵化器、创投基金单位代表，小满良仓等西电创业团队代表，在陕媒体代表，高新一中、铁一中师生代表，以及陕西兄弟高校的学生科协代表。

龙建成在开幕式上致辞，他指出，当前全校上下正在围绕如何落实国家创新驱动发展战略，为了扎实推进学校"三个一流"建设开展工作，学校正积极构建"基于激励学生自我发展的本科教育体系和基于提升学生创新创业能力的研究生教育体系"，并通过实施大学生"能力素质第二张成绩单"，设立"创新创业校长基金"，构建"三级校园众创空间"等工作举措，形成分层次、强实践、重孵化的创新创业教育和实践体系。龙建成讲到，"星火杯"大学生课外学术科技作品竞赛就是学校持续传承并不断创新的一项重要的育人载体，经过 28 年的发展，在校园沉淀了深厚的科技底蕴，形成了浓郁的创新文化，成为学校大学生"创新创意的青春舞台，就业创业的金质名片"，而这个传统品牌如何不断创新形式，适应不同时期的大学生群体；如何不断丰富内涵，紧跟国家社会的发展大势；如何不断完善体制机制，契合高等教育的目标要求，需要不断探索和持续奋斗。

郭永强在开幕式上发言，他强调，华为的发展离不开西电的支持，感谢西电多年来为华为输送了大批优秀的人才。双方更是通过建立联合实验室、西电华为创新俱乐部，构建了校企合作联合培养人才的典型模式。郭永强通过讲述西电 91 级校友、华为手机产品线总裁何刚与"星火杯"的故事，向在场师生阐述西电与华为共同倡导的工程师文化。

开幕式上，学校举行了创新创业导师聘任仪式，龙建成为郭永强、曾凡宏、张延杰、段喆、王新军等五位导师颁发了聘书。

创新创业导师聘任仪式

随后，学校还举行了"西电锐明创新俱乐部"和"西电-尚品校外大学生创新创业基地"揭牌仪式，通信工程学院党委书记、竞赛组委会副主任王跃利，校团委书记朱文凯，深圳市锐明技术股份有限公司人力资源部经理周玉玲，西电青年创业校友、陕西尚品信息科技有限公司联合创始人尚一民四位嘉宾共同为俱乐部和创新创业实践基地揭牌。

开幕式上，竞赛评委会主任、通信工程学院院长张海林介绍了参赛作品申报、评审情况。本届"星火杯"共有 16 个学院 31 个企业俱乐部参赛，共上交作品 4159 件，经各学院初赛选拔最终入围终审决赛作品 2533 件。

俱乐部和创新创业实践基地揭牌

终审决赛现场表演

开幕式结束后，与会领导、嘉宾和师生在科技作品及创业孵化项目推介展览现场体验了西电广移俱乐部的 VR、AR 设备，饶有兴趣地观摩和询问了易锁宝、绿豆芽、小满良仓、Tictalk、白鲸二手等创业项目和 BeltaGo 基于深度学习智能识别抓取跟踪机器人、手语语音互译器、基于多轴飞行器的机器人杂技表演、基于视觉的 NAO 机器人室内定位与导航、搓指轮式多面值纸币分类存储装置等科技作品。可挂挡载人卡丁车、手写机器人、西电漫游 3D、智能 Pose 相机、基于 51 单片机的动感智能皮影机器人、SmartMirror、Game of Tanks 等极具参与性的互动科技成果，吸引了不少同学驻足体验。

据校团委相关负责同志介绍，"星火杯"终审决赛期间，竞赛组委会将紧密围绕"开放办比赛、开放办活动"和"校内校外协同促创新"的工作理念，注重将政府、企业、社会、媒体等资源引进来，形成"高校主动、政府引导、企业协同、校友参与、社会关注"的校内校外协同促创新的工作格局，协同推动大学生创新创业实践，助力创业孵化与实践，举办大学生创业项目投资洽谈会、创新创业报告会、科创论坛、创业沙龙、优秀科技作品展览、"大学生科技英才"评选等丰富多彩的创新创业活动。竞赛组委会将邀请 40 余位校内外专家组成评审组，分 7 组对入围终审决赛作品进行评审，并将按理工类学术论文、哲学社会调查报告和学术论文、发明制作、计算机软件和设计类、文献综述等五类作品总数的 20% 评出特等、一等、二等、三等奖。

"星火杯"优秀选手合照

据了解，学校共青团紧扣学校育人中心工作，不断深化大学生创新创业内涵，推动大学生创业实践，持续发挥以"星火杯"为龙头的课外学术科技竞赛的创新文化引领和科技实践普及作用，鼓励和带动更多青年学生参与到创新创业实践中来，构建"氛围营造、团队培育、重点扶持"分层次的创新创业实践体系。围绕"创客"理念和"创新 2.0"，建设科技创业苗圃；举办"创客月"活动，培育校园创客文化；以"天天有咖啡、周周有沙龙、月月有路演"的思路，运营"蒜泥创业咖啡"；建设"蒜泥创客空间"，将学生创意落地，促进学生科技作品向产品转化，培育创业实践团队；实施"大学生创业预孵化计划"，举办"校长杯"创新创业大赛，按照"内创、外创、出售"三种孵化模式，孵化创业实践团队；建设众创空间，搭建起一个具有导师帮扶、资本对接、技术交流、创业咨询等服务功能的"校园创业预孵化器"，打造具有电子信息特色的"校园众创空间"，为有梦想、有意愿、有潜质的大学生创业者提供全方位的帮扶。

第二十八届"星火杯"创办成效

西安电子科技大学第二十八届"星火杯"大学生课外学术科技作品竞赛在西电科大南校区大学生活动中心举行。

据介绍，本届"星火杯"共有 16 个学院 31 个企业俱乐部参赛，共上交作品 4159 件，经各学院初赛选拔最终入围终审决赛作品 2533 件。可挂挡载人卡丁车、手写机器人、西电漫游 3D、智能 Pose 相机、基于 51 单片机的动感智能皮影机器人、SmartMirror、Game of Tanks 等互动科技成果极具参与性。

西安电子科技大学团委相关负责同志介绍，"星火杯"终审决赛期间，竞赛组委会紧密围绕"开放办比赛、开放办活动"和"校内校外协同促创新"的工作理念，注重将政府、企业、社会、媒体等资源引进来，形成"高校主动、政府引导、企业协同、校友参与、社会关注"的校内校外协同促创新的工作格局，协同推动大学生创新创业实践，助力创业孵化与实践，举办大学生创业项目投资洽谈会、创新创业报告会、科创论坛、创业沙龙、优秀科技作品展览、"大学生科技英才"评选等丰富多彩的创新创业活动。竞赛组委会邀请了 40 余位校内外专家组成评审组，分 7 组对入围终审决赛作品进行评审，并按理工类学术论文、哲学社会调查报告和学术论文、发明制作、计算机软件和设计类、文献综述等五类作品总数的 20% 评出特等、一等、二等、三等奖。

西安电子科技大学党委副书记、竞赛组委会主任龙建成致辞指出，当前全校上下正在围绕如何落实国家创新驱动发展战略，如何扎实推进学校"三个一流"建设开展工作，学校正积极构建"基于激励学生自我发展的本科教育体系和基于提升学生创新创业能力的研究生教育体系"，并通过实施大学生"能力素质第二张成绩单"，设立"创新创业校长基金"，构建"三级校园众创空间"等工作举措，形成分层次、强实践、重孵化的创新创业教育和实践体系。龙建成讲到，"星火杯"大学生课外学术科技作品竞赛就是学校持续传承并不断创新的一项重要的育人载体，经过 28 年的发展，在校园沉淀了深厚的科技底蕴、形成了浓郁的创新文化，成为学校大学生"创新创意的青春舞台，就业创业的金质名片"，而这个传统品牌如何不断创新形式，适应不同时期的大学生群体；如何不断丰富内涵，紧跟国家社会的发展大势；如何不断完善体制机制，契合高等教育的目标要求，需要不断的探索和持续的奋斗。

第二十九届"星火杯"办赛历程

西安电子科技大学第二十九届"星火杯"大学生课外学术科技作品竞赛终审决赛在南校区远望谷体育馆副馆开幕,校长杨宗凯,党委副书记、竞赛组委会主任龙建成,副校长杨银堂,法国 IMT 里尔杜埃工程师学院校长 Alain Schmitt,华为技术有限公司西安研究所所长唐海霆,华为技术有限公司西安研究所合作交流处处长郭永强,生命科学技术学院副院长、大赛评委会主任梁继民,陕西天朗嘉业科技有限公司总经理陈超,中信信龙合伙人、远望智库顾问、天使投资人谭茗洲,深圳市海鲸教育基金会理事李文轩,小米手机部法规认证总监焦小刚,西安绿豆芽信息科技有限公司创始人郭浩等出席开幕仪式。

学校领导、嘉宾出席"星火杯"启动仪式

参加开幕仪式的还有党委宣传部、教务处、研究生工作部、校团委及各学院本科教学和学生工作负责人,校企俱乐部企业代表,创投公司代表,西电创业团队代表,在陕媒体代表及陕西兄弟高校的学生科协代表。

龙建成在开幕式上致辞,他指出,全校上下正在围绕如何贯彻落实十九大精神,如何建设"双一流"高校,如何提升人才培养质量,如何培养造就一大批具有国际水平的战略科技人才、科技领军人才、青年科技人才和高水平创新团队开展工作思考与顶层设计,"星火杯"大学生课外学术科技作品竞赛就是持续传承并不断创新的一项重要的育人载体。他勉励所有同学能够以此"星火杯"大学生课外学术科技作品竞赛为契机,勇于实践,求实严谨,脚踏实地,在创新创业实践中迸发出属于自己的人生光彩;通过不断的学术科技创新,争做"有理想、有本领、有担当"的西电人,为实现"中国梦",为人类社会的文明和进步,贡献青春力量。

党委副书记、竞赛组委会主任龙建成致辞

唐海霆在开幕式上发言,他强调,华为的发展离不开西电的支持,感谢西电多年来为华为输送了大批优秀的人才。双方更是通过建立联合实验室、西电华为创新俱乐部,构建了校企合作联合培养人才的典型模式。

华为技术有限公司西安研究所所长唐海霆发言

开幕式上,学校举行了"西电-绿豆芽创新创业俱乐部"和"西电-绿豆芽实践育人创新创业基地"揭牌仪式,校党委副书记龙建成、副校长杨银堂、西安绿豆芽信息科技有限公司创始人郭浩、市场总监王帅四位嘉宾共同为俱乐部和创新创业实践基地揭牌。

学校领导为俱乐部和创新创业实践基地揭牌

　　开幕式上，竞赛评委会主任梁继民介绍了参赛作品申报、评审情况。本届"星火杯"共有 16 个学院 36 个企业俱乐部参赛，共上交作品 4484 件，经各学院初赛选拔最终入围终审决赛作品 2071 件。

学校领导、嘉宾参观作品展区并听取学生介绍作品情况

　　开幕式结束后，与会领导、嘉宾和师生在科技作品及创业孵化项目推介展览现场，饶有兴趣地观摩和询问了宽带自组网传输系统、易锁宝、绿豆芽等创业项目和可穿戴式智能手术辅助系统、倾转机翼垂直起降固定翼无人机、基于深度学习的全量化肝脏术前规划系统、字幕生成机、远程三维重建系统、火场多功能机器车等科技作品。在询问了绿豆芽、易锁宝等创业团队发展现状后，杨宗凯指出，"星火杯"作为学校科技创新文化品牌，需要不断探索与创新，学校相关部门应进一步关注创新创业教育，加强相互协作，搭建服务与合作平

台。参赛学生要注重优秀作品持续改进与成果转化，让作品成为产品参与到校园基础软硬件资源建设中。他希望社会各界、校友能够继续关心、支持并参与学校的建设与发展，联合学校共同推动人才培养和科技成果转化，带动更多的西电学子加入创新创业的时代浪潮中。

学校领导与校科协工作人员合影留念

据校团委相关负责同志介绍，"星火杯"终审决赛期间，竞赛组委会将紧密围绕"开放办比赛、开放办活动"和"校内校外协同促创新"的工作理念，注重将政府、企业、社会、媒体等资源引进来，形成"高校主动、政府引导、企业协同、校友参与、社会关注"的校内校外协同促创新的工作格局，协同推动大学生创新创业实践，助力创业孵化与实践，同时还会举办大学生创业项目投资洽谈会、创新创业报告会、科创论坛、创业沙龙、优秀科技作品展览、"大学生科技英才"评选等丰富多彩的创新创业活动。

据了解，学校共青团紧扣学校育人中心工作，不断深化大学生创新创业内涵，推动大学生创业实践，持续发挥以"星火杯"为龙头的课外学术科技竞赛的创新文化引领和科技实践普及作用，鼓励和带动更多青年学生参与到创新创业实践中来，构建"氛围营造、团队培育、重点扶持"分层次的创新创业实践体系。紧跟国家发展大势、社会需求和学校教育目标，不断完善体制机制，丰富内涵，围绕适应不同时期大学生群体需求，不断创新传统品牌形式，通过加强创业孵化基地建设、加紧指导教师队伍建设、进一步完善培训指导体系等措施，为有梦想、有意愿、有潜质的大学生创业者提供全方位的帮扶。

第二十九届"星火杯"创办成效

西安电子科技大学第二十九届"星火杯"大学生课外学术科技作品竞赛终审决赛在南校区远望谷体育馆成功创办。

本届"星火杯"共有 16 个学院 36 个企业俱乐部参赛，参赛项目 4484 个，报名人数达到 9589 人，较上届大赛增加了 325 个项目。经初赛选拔，最终入围终审决赛的作品为 2071 件。本次新增 C 类(科技制作类)以及竞赛经验丰富的研究生评审团，并设置了参赛作品服务区。

"星火杯"大学生课外学术科技作品竞赛自创办以来，已经成为该校提升大学生工程实践能力、培养创新型人才的重要育人平台。近 3 年来，西电学子获得省部级奖 1493 项、国际奖 90 项、国家奖 245 项；培育大学生创业团队 200 余个，已孵化 70 余支学生创业团队，学生创业公司累计获得风险投资超过 3 亿元。

据校团委相关负责同志介绍，"星火杯"终审决赛期间，竞赛组委会紧密围绕"开放办比赛、开放办活动"和"校内校外协同促创新"的工作理念，注重将政府、企业、社会、媒体等资源引进来，形成"高校主动、政府引导、企业协同、校友参与、社会关注"的校内校外协同促创新的工作格局，协同推动大学生创新创业实践，助力创业孵化与实践，同时还举办了大学生创业项目投资洽谈会、创新创业报告会、科创论坛、创业沙龙、优秀科技作品展览、"大学生科技英才"评选等丰富多彩的创新创业活动。

"星火"燃烧在西电，西电的同学们陶醉在"星火"中。在"星火"的锻造下，一批批勇于实践、敢于创新，作风严谨、素质扎实的新型人才相继出炉。学校共青团紧扣"立德树人"根本任务，不断深化大学生创新创业内涵，传承红色基因，持续发挥以"星火杯"为龙头的课外学术科技竞赛的创新文化引领和科技实践普及作用，鼓励和带动更多青年学生参与到创新创业实践中来，为培养担当民族复兴大任的时代新人而不懈努力！

第三十届"星火杯"办赛历程

西安电子科技大学第三十届"星火杯"大学生课外学术科技作品竞赛终审决赛在南校区远望谷体育馆主馆开幕，西安电子科技大学副校长李建东，副校长、竞赛组委会主任石光明，华为技术有限公司西安研究所所长唐海霆，先进材料与纳米科技学院副院长、大赛评委会副主任杨如森，87级校友、潮汕校友会会长蔡伟，镐京集团主席吕明，英卓未来公寓联合创始人孙其功等嘉宾出席，开幕式由团委书记傅超主持。

学校领导、嘉宾出席"星火杯"终审决赛开幕式

出席开幕式的还有学校各职能部门、学院、书院主要负责人，创业孵化基地、创投基金、学校企业创新俱乐部合作企业等单位代表，西电青年创业校友、在陕媒体以及兄弟院校的师生代表。

副校长、竞赛组委会主任石光明讲话

副校长石光明讲到,当前学校上下正在深入学习贯彻习近平新时代中国特色社会主义思想和党的十九大精神,认真落实全国教育大会部署,为加快一流大学、一流学科建设、培育德智体美劳全面发展的社会主义建设者和接班人奋楫扬帆。三十年来,"星火杯"不断探索求知,开拓创新,点燃了西电学生科技创新的星星之火,为大学生挥洒求知热情,展示聪明才智架起了广阔舞台。他勉励同学们把握历史机遇、勇担时代重任,以今天科技创新的小探索为起点,努力成就明天创新创业的大成果。

先进材料与纳米科技学院副院长杨如森介绍赛事筹备情况

评审组副主任杨如森介绍了本届"星火杯"赛事筹备情况。他指出,先进材料与纳米科技学院一直以来重视培养学生的创新创业思维及科技素养,依托"材化创新坊"大学生科技实验室和"材料科学工程坊"众创空间,陆续开展了一系列助力创新创业的相关活动。

华为技术有限公司西安研究所所长唐海霆致辞

唐海霆所长在致辞中强调,西电不仅是华为在通信、网安等方面科研合作的良好伙伴，更是华为最大的人才招聘基地。希望今后校企双方能够扎实推进强强合作，进一步在人才培养、科学研究、智慧教育等领域开展广泛的合作，助力西电一流大学建设。

87级校友、潮汕校友会会长蔡伟致辞

蔡伟分享了他在求学期间作为"星火杯"组织者参与科技创新的经历，激励同学们认真对待学校内的每一项科技活动，多参与，勤思考，善总结；告诫同学们在创新创业过程中注重团队合作，珍惜大学的四年时光，扎实学习基础，培养创新能力。

途游星耀俱乐部、360XClub创新俱乐部揭牌仪式

开幕式上，学校举行了"途游星耀俱乐部"和"360XClub创新俱乐部"揭牌仪式，副校长李建东、石光明、360产品委员会人才发展执委会主席张云剑、途游游戏西安研发中心技术总监林剑峰共同为俱乐部揭牌。

第三十届"星火杯"终审决赛启动仪式

RoboMaster 机甲大师机器人交流赛

启动仪式结束后，与会嘉宾观看了本届"星火杯"专项赛事——RoboMaster 机甲大师机器人大赛高校交流赛。该项赛事旨在通过科学的竞赛任务安排，强化学生对工程思维的培养。配合与专业学科联系紧密的规则设计，进一步引导学生提高将课堂知识转化为解决实际问题的实践能力，提高数据分析、项目统筹及团队配合的能力和意识。

"星火园丁"展区

星火 30 年回顾展

三十年栉风沐雨，三十年锐意创新，"星火杯"自 1988 年诞生以来，赋予了西电学子创新发展的强大力量，给予了西电学子踏上科学之旅的精神源泉，所构建的"点燃激情、团队培育、重点扶持、氛围营造"的分层次创新创业实践体系，紧跟国家发展大势、社会需求和学校教育目标，鼓励和带动众多青年学生参与到创新创业实践中来。学校共青团将通过完善体制机制，丰富内涵，围绕适应不同时期大学生群体需求，不断创新传统品牌形式，通过加强实践育人基地建设、加紧指导教师队伍建设、进一步完善培训指导体系等措施，为有梦想、有意愿、有潜质的大学生创业者提供全方位的帮扶。

第三十届"星火杯"创办成效

西安电子科技大学第三十届"星火杯"大学生课外学术作品竞赛终审决赛在学校远望谷体育馆成功创办。

西安电子科技大学副校长李建东，副校长石光明，华为技术有限公司西安研究所所长唐海霆，潮汕校友会会长蔡伟，学校各职能部门、学院、书院领导，校友代表，媒体代表，以及来自兄弟院校的师生代表等嘉宾出席。

第三十届"星火杯"开幕仪式

首先，副校长石光明对嘉宾们的到来表示欢迎，并对华为公司及社会各界的支持表示感谢。石校长指出，"星火杯"举办三十年来不断探索求知，开拓创新，砥砺前行，点燃了西电学生科技创新的星星之火，为大学生挥洒求知热情，展示聪明才智架起了广阔舞台。他勉励西电学子积极参加校内科技活动，投身到创新创业的时代大潮中。随后，领导、嘉宾以及评审组代表依次致辞，他们的致辞中，饱含着对"星火杯"光辉历史的肯定，对西电未来的殷切期盼，对西电学子的谆谆教导。

机电学院领导在总结本次"星火杯"竞赛活动时讲到，一路杀进冠军争夺赛的柔性抓取机械爪、创新设计的激光雕刻机、各种炫酷机器人等高水平作品展现了机电院学子卓越的科技创新水平与科技实践能力，由低年级同学制作的遥控小车、光立方也充分体现了他们对科技制作高昂的热情，趁着"星火杯"的东风，我院再次掀起一阵科技创作的热潮。讲解人员也是早早到位，为前来参观的嘉宾献上最专业最细致的讲解，展现机电院学生的独特风采。

第三十届"星火杯"优秀作品展览

本届"星火杯"，机电院科协积极组织，机电院学子踊跃参与，作品数量多、质量高，对培养学生科技实践能力具有重要意义。

第二部分

星火故事

1 "唇心微语" 连接被遗忘的孤岛

世界上生活着这样一群人——他们由于听力障碍被困在自己的孤岛中，或自卑、或沉默、或萎靡不振，他们只能通过学习唇语来获得与他人正常交流的机会。在第三十一届"星火杯"的舞台上，黄奕洋及其团队展示了"基于深度学习的唇语识别系统"这一项目。该项目最初的目的就是帮助听障人士，使他们可以与他人正常交流，它还有一个温暖的名字——"唇心微语"。

黄奕洋在上初中的时候，班上有一名听力存在障碍的同学，该同学说话非常含糊，很难准确表达自己的想法，而且听力障碍对他的日常生活也造成了不小的影响，这让黄奕洋萌生了研究"唇语识别"的想法。进入大学后，他加入了学校的机器人队伍，也因此结识了和他一起完成这个项目的队友。

在最初确定项目的研究方向时，黄奕洋与其队友出现了小小的分歧。他主张帮助聋哑患者获取对方的语言信息，而另外两位成员的想法更侧重于帮助聋哑患者获得读懂唇语的能力。为了解决这个分歧，他们求助了西安市第二聋哑学校的老师，在和老师的交流中他明白了其他两位成员的想法更加符合现在的市场需求，社会价值更大，因此确定了项目最终的研究方向。

完成项目难免会遇到许多困难，这时候就需要整个团队团结一心，共同努力。黄奕洋向我们分享了备赛时最令他感动的一件事："当时我们的项目刚刚立项，准备参加"星火杯"，在答辩的前一天晚上向指导老师汇报时，老师觉得我们目前的展示材料比较单一，需要在答辩的时候展示一个相关的视频，于是我们三个人在当天挑灯夜战，从无到有，做出了一个效果还算不错的视频。"团队精神永远是一个团队不可或缺的精神力量。

在谈及该项目今后的发展时，黄奕洋说他们团队在与老师的交流过程中发现具有交流障碍的不仅仅是聋哑患者，还有口吃、失语症患者、脑瘫患者等，这些患者的障碍不仅仅体现在生理上，还存在于心理上，所以如何在心理方面对患者进行帮助也是他们接下来要努力的方向，他们希望通过自己的努力可以真真切切地帮助到更多的聋哑患者。

故事来源：人工智能学院　黄奕洋、黄麓源、邹帅

② 从科幻片到现实，打造真实的智能魔镜

在科幻片中，我们常常能看到信息在空气中显示出来，电影里的人们能在空气中对信息直接进行操作。在第三十一届"星火杯"的舞台上，2019 级本科生龙军宇同学向大家展示了他所制作的智能魔镜，它的出现，仿佛真的把科幻片中的场景展现了出来。

谈及怎么想到做这个项目的，龙军宇笑着说这都是源于一次上课迟到，"因为在洗漱的时候我不方便拿手机，没有注意看时间便迟到了，上课的时候灵感爆发，我想如果能在镜子上把我想要的信息显示出来，手指轻触镜子便能得到想要的信息，在洗漱的时候也能看到，不需要再特意拿出手机查看，那么既节约了时间，又降低了迟到的概率。"灵感的迸发总在一瞬间，回想自己之前看过的科幻片，科学巨人们只需挥动手指，江山便浮现眼前，幻想着自己在智能实验室操控宇宙，浮想联翩，就这样智能魔镜的想法便在龙军宇的心里产生了。

要实现智能魔镜的想法，首先要对材料进行选择，"镜子的材料不同，购置费用也不尽相同，呈现的效果也不同，魔镜的最终目标是实现信息从背面透射到正面，让使用者可以同时从正面看到自己和显示的信息"，如何选择合适的材料成为了龙军宇遇到的第一个难题。

有了想法，下一步就是要付诸实践。在这个项目中，最重要的部分当数编程工作。作为大一新生，对编程并不熟悉，于是他观看了大量的学习视频查阅了相关论文资料，边学编程边做项目。在做项目的过程中，他不断发现问题，解决问题，经过一个月时间的努力，他已经将各种相关知识烂熟于心。

当谈到一个人完成项目的艰辛时，他笑道："有时候还是会想，如果当时有人能够帮忙就好了，因为所有的困难都要一个人去解决"。但他从来没有想过放弃，最终一个人慢慢地将自己的想法变成了现实。

故事来源：物理与光电工程学院　龙军宇

③ 从门开始，改变生活

初入大学，忘记带宿舍钥匙这一件小事令不少同学头痛不已，室友因忘记带钥匙来回奔波，自己因找不到钥匙着急万分。在第三十一届"星火杯"的舞台上，陈泗成同学带来了一个有望"拯救"总是忘记带钥匙的大学生的项目——软件创新 A 类特等奖 iLocker 门禁系统。

陈泗成同学也是"经常忘记带钥匙的大学生"中的一员，他因此萌生了做智能门禁系统的想法。这款智能门禁系统让我们不再困于忙忙碌碌寻找钥匙，也不用再去宿管阿姨那里借钥匙、还钥匙，只需刷脸或刷指纹就能顺利回到宿舍，还可以远程操控管理，预测门前是否有异常状态；此外，它不需要像普通的密码锁一样要输入密码，也不需要利用手机 APP 来解锁，并且价格低廉，更符合学生在宿舍使用的各种需求。

毫无疑问，想法重要，实践更为重要。陈泗成团队利用假期学习了相关知识，人脸识别算法、嵌入式开发和各个器件之间的通信问题被他们一一攻克，"有方 N21"模块的开发，外壳的建模制作等技术被他们熟练掌握，开学后，他们便通力合作，调试机器，共同完善，突破难关，最终向我们呈现出一个优秀的作品。

俗话说，众人拾柴火焰高。一个完美的团队，需要一个可以负责调节沟通、分配任务的领导型选手；一个学习能力较强，可以在设计制作过程中边补充知识边实践运用的学习型选手；一个具有技术能力，可以攻克难关的技术型选手。当然，其中也不能缺少被求同存异、相互配合，这才能有展现在我们面前的优秀作品。

时间就像海绵里的水，只要愿意挤，总还是有的。我们抱怨时间太快，却不愿追赶，不抓住零碎的时间去学习，不抓住假期的时间去充实自己。其实没有那么多的天才，他们不过比你们更努力一些罢了。一件小事，一个细微的发现，就可以是你科研之路的启迪，牛顿因苹果而发现了万有引力，善看善思，相信，你也可以！

故事来源：先进材料与纳米科技学院　陈泗成

人工智能学院　任俊杰、梁慰赟

4 开发自己的 VR 游戏

随着虚拟现实技术的不断发展，VR 游戏也渐渐在市场中占有一席之地。沉浸式的体验刷新了玩家对传统游戏的认识，开拓了一片全新的领域。在第三十一届"星火杯"中，2018 级的招丽莹同学带着她的团队一起努力，开发出他们自己的 VR 射击游戏 Executions。

游戏开发对于他们来讲并不是心血来潮，同为 Nova 独游社的成员三人心中早就种下了这颗种子。谈起游戏，招丽莹说那是在创造一个新世界，"我觉得可能每个人都会有想做游戏的时候，热爱游戏的同学肯定内心也会想这个游戏如果是自己来做的话会做成什么样子，然后想去创造一个世界。"在大一参加"星火杯"时，她就自己制作了一款小游戏，如今找到了志同道合的队友，又碰撞出了新的火花。

谈起游戏背景与设计灵感的来源，招丽莹笑着说其中有许多巧合因素，"我们一开始是想做一个射击游戏，想先把游戏做出来，再去想用它可以表达出什么东西。做完之后那个射击手感给人一种像是在太空的感觉，所以我们就想出了一个太空的背景设定。至于 VR 技术，因为我之前去参加过上海交通大学的训练营，在里面学到了一些相关知识，回来之后恰巧社团里有人可以提供设备，就想借此机会将理论应用到实践中。"从她的叙述中，游戏从背景到设计，好像都来源于灵感的迸发，但招丽莹也提到自己大一时到处去参加各种关于游戏的比赛与实训，说明只有去不断尝试，才能给予自己更多的灵感储备。

万事开头难，项目开工的时候正好赶上国庆假期，团队的几个同学都回去了，开发进度拖延得很严重。但招丽莹团队逐渐摸索到了属于他们的方法，开始线上合作。他们先确定好开发期限，再把资料搜集完善并明确分工，之后他们的开发速度就提升起来了。说起后续的计划，招丽莹说这个项目还在不断完善中，"现在游戏还在继续改进。我们用于参加"星火杯"的只是其中的一个主要的游戏机制，只有一个玩法，没有用框架把它综合在一起。后面我们还会对它做进一步的完善，让这个游戏看起来更加完整。"同时，他们的这一项目还报名了国家创新创业项目大赛，也考虑将来在 Steam 平台上架。

谈到未来，招丽莹也说，希望她的未来和游戏有关。"希望自己的技术能进一步提高，将来可以开发出自己、用户和队友都满意的游戏，可以得到更多人的青睐。"

故事来源：计算机科学与技术学院　杨其祯、招丽莹、杨嘉豪

5 仿生机械狗，让人类生活更加美好

如何将人工智能的技术真正投入到各类实际的民生领域，从而降低意外事故的发生率和伤亡率，让未来再也没有环卫工人打扫马路而被撞伤甚至身亡的消息，再也没有工地师傅因不当操作引发的意外事故，再也没有消防官兵因突发大火葬身于森林火海之类的不幸事件发生。程颐和他的团队决定设计一款可以在运输、救援、侦察、探测、潜入等领域辅助人类发挥作用的智能机械狗——仿生四足机械狗。

这个项目在西安电子科技大学第三十一届"星火杯"比赛中取得了校赛季军的好成绩，得到了学校老师和相关专家的高度认可。面对成功，团队的负责人程颐显得很坦然，他认为"一分耕耘一分收获，今天所取得的成绩是自己和团队一步一个脚印、踩过坑越过雷才取得的，能够在学校'星火杯'比赛中脱颖而出，自己感到既欣慰又坦然。"他认为自己的项目还不够成熟，未来还有很多东西要学，他说："我的项目过去是站在巨人的肩膀上进行创新，后面希望自己的团队能够在导师的带领和指导下不断实现技术突破，让仿生四足机械狗在改变未来的这条道路上越走越远、越走越强，最好能顺利拿到专利申请资格"。

在大二时期就能对人工智能技术有着自己的思考和具体实践，这样的学生放眼全国高校也为数不多。人工智能技术目前还处于发展初期，尤其是中国国内资料和技术都尚不完善，面对这样的情况，程颐说："专业技术主要还是要靠自学，仅仅依靠大二所上的课程肯定是远远不够的，刚开始是个技术小白(初级技术掌握者)的话也没有关系，只要愿意通过一些途径自学，很多技术上的问题就都可以得到解决。我推荐大家利用好慕课资源，还有就是上知乎网去看一些大神们的分享。目前关于人工智能这方面的课程相对比较少，所以可以阅读一些文献书籍，还可以查阅 SCI 论文。在时间精力有限的情况下，一天看三篇论文就可以了。"

爱自己是终身浪漫的开始。希望有一天仿生四足机械狗的发展可以让人类从许多繁重、危险、复杂的劳动中真正解脱出来，给人类更多的时间去关爱自身、关爱他人、关爱身边的一草一木，让智能科技开启人类的终身浪漫之旅！

故事来源：机电工程学院　程颐、闫向科

人工智能学院　林泽毅

6 要梦想，更要坚持

三十年峥嵘岁月，三十年披荆斩棘，在已经结束的第三十一届西安电子科技大学"星火杯"大赛中，2018级吕瑞涛同学的项目——自然灾害无人机群测绘解决方案脱颖而出，获得A类一等奖。

众所周知，一个优秀的项目从无到有，从想法到产品，需要有一定经验积累，就像吕瑞涛同学所说："大二时期的这个项目其实是来源于互联网+的，当时我参加"星火杯"比赛的作品是无人机线路巡检，因为经过一年的努力项目实物已经完成，所以在"星火杯"终审的同时我们这个项目也参加了西安市大学生创客节的项目展览活动。"吕瑞涛同学丰富的经验无形中促成了这个优秀项目的诞生。

这是吕瑞涛同学第二次参加"星火杯"比赛，第一次的参赛经历对他第二次的参赛有着很大帮助。"其实我大一的时候就参加了"星火杯"，那时候的我刚刚加入西电航空协会，学长带我做了一些项目，比如说鱼鹰倾转旋翼无人机，无人机起降平台等。大一的时候我做的是一个电磁炮远程击打无人机，当时获得了校级一等奖，后来被校科协推荐去参加了2019年的"挑战杯"比赛。因为当时我对于有些知识的掌握还不是非常深入，于是"挑战杯"我选择做了一个难度较低的带臂无人机项目，获得了省级三等奖。"丰富的项目经验是吕瑞涛同学不可或缺的制胜法宝。

谈到无人机相关知识和技术，自学能力是相当重要的。"其实刚来西电的时候我也不太懂这些内容，但加入了西电航空协会和走进E楼的实验室，看学长学姐们做一些项目方面的内容，多虚心请教，然后付诸实践，才逐渐对相关知识有了深入了解。"吕瑞涛同学如是说道。

所有好的项目都离不开一个好的想法，更离不开长期的坚持和不断积累经验，只要不断尝试，不断努力，就一定能够迎来胜利的曙光。

故事来源：电子工程学院　吕瑞涛、张嘉宇

7 我和我的蒜泥科技

凭着儿时对于科技的那份热情，杨少毅从大学开始就选择朝着机器人与3D打印方向发展。在校期间，依托西电在电子信息学科领域上的优势，由杨少毅主导完成的机器人研究项目多次荣获科技竞赛大奖。

2008年，杨少毅和他带领的科技创新团队所研发的"第一代机器人"获得学校"星火杯"科技竞赛特等奖。2011年，"第二代室内体感服务机器人"获得了第十二届"挑战杯"全国大学生课外学术科技作品竞赛国家二等奖。2012年，第三代"海陆空三栖飞行机器人"获得了"STiNemo创新大赛"全国一等奖，第四代仿人型家庭服务机器人获得了"国家创新性实验计划"全校第一名和"全国创新论坛"十佳作品奖。2013年，杨少毅带领他的团队再次踏上"挑战杯"的征程，研发的第五代仿人型机器人也获得了国家三等奖的好成绩。

从2012年开始，杨少毅就萌生了创办电子公司的想法，在学校和导师焦李成教授的帮助与支持下，他创办了"蒜泥科技"，获得天使投资2000万元。目前，公司已经研发了包括飞行、轮式、仿人等不同形态的六代机器人，为高校提供全套的教育机器人解决方案。公司也与全球最顶尖的快速成型技术设备制造商美国3D Systems公司建立了合作关系，引入了全球最先进的工业3D打印机，提供高端3D打印服务。公司所提供的智慧社区解决方案，得到了西北国金中心的认可，双方正合作开展楼宇智能化项目。目前，公司的主要客户与合作伙伴有：美国3D System公司、北车集团、中央美术学院、西安电子科技大学、澳门大学、西安正麒电气有限公司等。

2014年9月，凭借着创办"蒜泥科技"的经历，杨少毅获得中央电视台《中国创业12榜样》"未来之星"奖。同年，杨少毅作为唯一的在校研究生，被评为"陕西省大学生自主创业明星"，并凭借VISBODY人体三维扫描仪获得第一届"互联网+"大学生创新创业大赛季军。2015年3月中旬，在西电春季高校双选会上，杨少毅和"蒜泥科技"回到母校招聘，短短一天就收到428份简历，其中西电学生的简历有102份。

故事来源：人工智能学院　杨少毅

8 "星火杯"走出来的创业英雄

微电子学院的研究生孙景鑫，在校期间加入校科技协会，多次参加校级科技比赛，拥有多项自主科技专利。以创业带动就业，成为创新创业的典范。

回忆起"星火杯"比赛经历，孙景鑫说："我做东西是把创新放在首位的，喜欢自己设计一些创新又实用的东西，有很多人在做的项目我就没什么兴趣了。大一由于时间紧迫来不及认真做一些东西，就拿了高中时做的一个自行车多功能脚踏板去参赛，简单说就是利用机械转动发电，点亮脚踏板上一直保持正向的照明灯，还安装了转向灯，当时也取得了一等奖的成绩。"他露出轻松明快的笑容，"现在回想起来还是觉得那是一个很不错的创意。"在记者的追问下，孙景鑫继续说道："大二的时候做了一个球形机器人，利用了类似鼠标的原理，把一只小动物放在球面上爬动，小车可以沿着那个轨迹前进。大三忙其他事情没有参加'星火杯'大赛，大四便开始做智能锁了。""易锁宝"采用具有自主知识产权的"动态声波加密技术"进行加锁，移动终端使用易锁宝APP或易锁宝硬件钥匙进行解锁。用户可以为自己的智能锁设定密码，开锁时，系统将用户的开锁密码加密转换成动态密码，并将动态密码加载到声波中发射出去，此过程在极短的时间内(毫秒级)即可完成。"是支付宝的'声波支付'给了我创新的想法，那时我在思考能不能将类似的技术，应用在其他领域。"2014年5月，"易锁宝"项目开始启动。孙景鑫说最开始是将眼光放在门锁安全上。"很快我们便完成了第一款智能门锁的开发，但是由于安装、门的种类以及居民使用等问题，智能门锁的市场反响并不好。经过近两个月的反思和调研，我们决定调整战略。"

"虽然国内智能门锁产品众多，但是小型智能U型锁、挂锁等领域仍然处于空白。"他和团队最终确定的思路是：从细分领域切入，用小而美的产品快速占领细分市场；当达到一定规模之后，再推出其他基于"易锁宝"平台的智能锁，并最终进攻核心的智能门锁领域。孙景鑫笑着说："我们戏称它为'农村'包围'城市'的战略。"从项目开始，孙景鑫就和团队成员为推广项目多次参加省级、国家级比赛，最终金蛇创新团队所研发的第二代易锁宝吸引到天使投资，成立公司。"我们的目的是让用户摆脱累赘的钥匙串，实现一部手机行天下，真正实现便捷出行的愿景。"

故事来源：微电子学院　孙景鑫

9 从"小白"到"创业者"

在第四届"互联网+"大赛中，一项名为"HoloScreen 空间立体显像仪"的创业项目凭借独特的创意和技术，一路过关斩将，最终获得了大赛创意组全国金奖。

这个项目的负责人正是张文虎，他所在的项目组也是西电唯一一个全部由本科生组成的团队。

HoloScreen 空间立体显像仪无需任何辅助设备，用户通过肉眼就可以看到一个无死角的真实三维体，实现裸眼看 3D。凭借精密的机械结构、高速的处理芯片、高性能的光学引擎和新型空间成像仪的高切换速率，HoloScreen 可达到每秒 4000 帧的速度，是市面上 3D 电影的 33 倍，能让人拥有超 3D 的电影体验。此外，HoloScreen 空间立体显像仪结合了数字光学技术、空间扫描算法，辅以精密机构设计和高速传输方案，把显像方案分成三大子系统逐个突破，实现了高端三维交互体验，使得其应用成为可能。

刚入大学的时候，和许多新生一样，张文虎也只是一个"小白"。但是和许多新生不同的是，从大一起，他便开始接触编程，并且坚持学习积累。说起他与科技创新真正结缘，不得不提到科技协会。"我在科协认识了很多技术能力非常强的学长，他们可以说是带我入门的师傅。"在科协，张文虎学习了基础的单片机编程、C 语言以及其他编程语言和算法，为后期实践打下了坚实的基础。

大一的时候，张文虎就参加了"星火杯"比赛。"我按照国外一个网站上的教程，做了一个频谱灯的小作品。"这是他的第一个科技作品，也是他独立完成的第一个作品。

自此，张文虎开始走上属于自己的科技之路，他开始稳扎稳打地跟着学长做项目。他跟着雷清扬学长，参与了"工艺战舰"游戏的开发(这款游戏现已在各个应用商城上架)。这款游戏的开发让张文虎比较完整地掌握了软件开发的技能，这对于他之后的科技之路意义非凡。

一直以来，张文虎对直接通过激光进行空气立体成像的技术很感兴趣，但这种技术的原理并不完善，难以应用。张文虎及团队迟迟找不到突破点，直到他们在第三届"互联网+"大赛上看到了"全息 3D 智能炫屏"，这个项目利用旋转一维的 LED 灯进行周期性的往复扫描，转起来即可显示文字。张文虎和团队灵光一现，为什么不将视觉暂留效果和3D 打印的基本原理相结合？这便是 HoloScreen 的雏形。

有了整体思路，张文虎便带领团队开始落实项目。不过从来就没有一帆风顺的事情，创新尤为如此。

在推进项目的过程中，张文虎和团队经历了重重困难。首先要面对的便是资金缺乏的问题，没有资金，就没法购买硬件设备和耗材，项目根本就无法启动。幸运的是，团队申请到了国家创新计划的 1 万元资金，解决了前期资金不足的问题。在创新创业学院副院长朱伟老师和第三届"互联网+"大赛金奖获得者张文博老师的帮助下，团队随后又对接了一些外部投资人，由此解决了后期的资金问题，项目基本摆脱了"巧妇难为无米之炊"的困境。

除了资金问题，张文虎和团队还要面对外界质疑的声音，有些人认为这个项目从原理上来说根本不现实，也有些人认为这个项目整体的商业逻辑不合理，否定的声音一直都在。

但是，张文虎和他的团队从未想过放弃，一方面因为这是团队的兴趣所在，兴趣是他们坚持下去最强大的动力；另一方面是因为张文虎始终相信自己和团队成员，坚信只要坚持，就一定会有成果。

而事实也确实如此，Holoscreen 一路从国创、"星火杯"走到"创青春""互联网+"大赛，从默默无闻到登上央视舞台被全国观众知晓，这是对他们的坚守最好的奖赏。

故事来源：物理与光电工程学院　张文虎

10 许师一诺心不易，节时省力扫描仪

大型联考中，我们常常会使用规范的答题卡答题，然而，学校提供的扫描仪却往往不尽人意。如果有一款可以充当简易扫描仪的软件让老师可以直接通过手机获得清晰的答题卡图像，便能大大提高老师们的工作效率。在第三十一届"星火杯"中，2019 级本科生张毅同学向大家展示了他设计的简易答题卡扫描系统。

谈及做这个项目的想法起源，张毅同学笑道："高中时期语文老师为我们购买了格式规范的高考答题卡，但是学校的扫描仪只能将红线扫成黑线，并不能像高考所用的专业扫描仪那样将红色格线滤除。语文老师就说过很多次，如果有办法把红线去掉，看上去的效果就更好了。"

"我当时很天真地想为老师写一个程序，老师用手机拍摄答题卡的照片，然后用这个程序来滤除红色。那个时候我对图像所能进行的操作，也就仅限于生成灰度图、二值化等简单的操作，我以为只要滤掉红色就可以了。"后来张毅发现，对于手持设备拍摄的图像，由于抖动、模糊等原因，边缘处的颜色变化非常明显，直接滤除红色根本不能实现。"总之我当时的想法太过简单，这个功能最后也没能实现。我兴致勃勃地给老师看效果，最后效果却不行。不过我当时向老师保证，以后一定实现这个功能"。

"做这个项目之前，我从未接触过 OpenCV。我搜索了 OpenCV 的用途，自学 Java、Android 开发，慢慢改良算法……每当遇到困难，我就想想未来给老师展示效果的那一天。慢慢地，我逐步实现了去除红色格线，刷白背景、加深文字、做出扫描效果，对拍摄的图片切边、提取出答题卡区域这三个功能。"

当时煞费苦心也无法完成一个功能的他，慢慢地可以增添一个又一个功能，思考一步又一步完善的方法。也许，这就是不断尝试，不断付出的回报。

"后来，许多人问我一个人夜晚踌躇在路上的心情，我想起的却不是孤单和路长，而是波澜壮阔的海洋和浩瀚闪烁的星光。"

故事来源：计算机科学与技术学院　张毅

11 一触即发，点亮梦想之旅

第三十一届"星火杯"的结果陆续出炉，很多同学都在静静地等待自己作品的评审结果。江之行、黄旭以及熊雨舟同学已经是第二次参加"星火杯"了，大一的时候他们就一起参加了"星火杯"，可惜最后并没有获得奖项。如果说第一次比赛对于他们相当于探路，开启了他们参加"星火杯"的竞赛之路，那第二次比赛则是对他们团队实力的证明，所以，他们对此次竞赛的结果格外关注。终于，此次"星火杯"他们取得了A类特等奖的好成绩！

谈及这次获奖项目投影仪触屏化改装系统，他们是受到投影键盘的启发想到了投影加触控的方案，希望这样一种方案不只用在键盘上，而是能够作为平常使用的终端设备的扩展，包括屏幕尺寸和交互方式的扩展，大家可以将自己的笔记本电脑屏幕通过投影展示在大屏幕上，并且能在投影面上进行点击等触控交互。就像我们过去看到的科幻电影中的那样，我们在将自己的屏幕投影在投影面上的同时，还可以通过触摸投影面来实现各种操作，这样我们在做展示时，就可以不仅仅局限于小小的电脑屏幕前，而是可在投影面前自由走动，与听众进行互动。

在有了想法之后，江之行同学找到了一起进行项目开发的同学们，开始分析相关技术的难度，拆解每一个技术重点，同时分析国内外已有的产品或者相似产品，避免"重复造轮子"。

成功路上当然也有必不可少的拦路虎，这次项目刚做完时只有每秒几帧的速度，操作时会很卡顿(不顺畅)；关于项目的定位问题，一开始的定位是一体机，后来反复调研现在已有的产品，并经过充分的讨论，最后选择的定位是基于用户已有设备的改装系统。另外还有技术问题，在作品推进的过程中，遇到技术上的问题不知道向谁去请教，一连几天都没有任何进展，导致组员的心态都近乎崩溃。但是功夫不负有心人，通过团队头脑风暴，通过广泛查询资料和求助老师、学长等方式最终还是解决了这些问题。

这次比赛的成功只是未来科研学习道路上的垫脚石，当展望起未来时，江之行同学说到"近期规划就是把手头的项目做完，好好学习；未来规划就是争取保研，或许微电子专业的同学们都自带那么一点点"家国情怀"，未来规划的主要方向应该还是科研"。而黄旭同学说"希望未来能去创业,大学期间参加了一些创赛。"有了目标便会有无穷的动力,怀揣着目标,不断前进,就是西电学子们最美丽的身影。

故事来源: 计算机科学与技术学院　黄旭

微电子学院　江之行、熊雨舟

12 失败也是努力人生中的一段剪影

"时代潮流，浩浩汤汤。顺其者昌，逆其者亡"。我们如何与这个时代共舞，参与到里面，改变它，影响它？

2019 年，全国范围内掀起了一场"垃圾分类"的浪潮。北京，上海，西安……环保理念犹如星星之火，逐渐拂遍九州，大一学生孙欣谣便萌生出制作一款垃圾分类小程序的想法。做小程序看似简单，实际则不然。她从最基础的微信开发者字典读起，在 B 站上搜索教学视频，一边跟着视频做笔记，一边在微信开发者工具上进行实操。前端、后端、数据库，一遍又一遍地尝试着。进行微信开发需要能熟练运用多种编程语言，刚步入大学，孙欣谣同学只学了 C 语言。虽然知识储备不够，但是她将此次参加比赛视作一个督促自己自主学习编程的动力。"将灯火下的山高水远化作甜蜜负担。我倒是没有过分关注能否得奖，最重要的是，在这个过程中我更好地了解了编程，也更加热爱自己的专业。"孙欣谣说道。

虽然到最后她并没有将小程序完整地做出来，但是她依旧完成了比赛，不因困难而退缩。就如同孙欣谣同学曾说过的一样："我不计较得失，只专注于自己所热爱的事。看似不起波澜的日复一日，会突然在某一天让人看到坚持的意义。精卫衔微木，将以填沧海。刑天舞干戚，猛志固常在！"

薪火相传，电波永存。"星火杯"的理念在创新，更在传承。我们传承"星火杯"的理念，无需空虚华美的称颂，也无需王冠奖杯的加冕，只需要青春和梦想来见证我们前赴后继的跋涉和永不言弃的拼搏！

故事来源：机电工程学院　孙欣谣

13 失败不阻前进之路，星火点亮希望之光

"'星火杯'是我接触的第一个科技创新类赛事，也正是'星火杯'开启了我的竞赛之旅。"2019级学生赵唯羽同学说到。

赵唯羽同学初到西电，在科技氛围浓厚的校园中，他对于竞赛既有憧憬又有些未知的恐惧。当时，科协的学长学姐们提供了项目建议，他和他的两位朋友不约而同地选择了制作"激光竖琴"，于是便开启了他们的"星火杯"之旅。

他们先是查找相关资料，了解了"激光竖琴"的工作原理，随后又在网上买来了相关元件，分工明确后开始焊接工作。在科协的焊接室里，他们虚心向学长学姐请教焊接技巧，反复练习，很快他们便掌握了这项技术。

经过五天的努力，他们的"激光竖琴"终于初现雏形，他们便迫不及待地开始了测试，当赵唯羽同学把 USB 接口插上的一刹那，杂乱的蜂鸣声不绝于耳，没错，他们失败了，很快他们便发现了光敏电阻的连接发生了错误并进行了一番修检，可祸不单行，在这个过程中他们底座的焊盘受到了损坏，一切前功尽弃。

"我们想过放弃，可这毕竟是我们第一次参赛啊，怎么可以轻易放弃！"于是他们重新购买了器件，将焊接技术锻炼得愈加娴熟，经过两天的奋战他们终于成功了，他们的"激光竖琴"终于可以正常地发声了！

在之后的校赛中，虽然他们只拿了三等奖，但是这毕竟是赵唯羽同学参加的第一个科技赛事，也是获得的第一个奖项，赵唯羽同学内心的激动溢于言表。

星星之火，可以燎原，星火精神，永不消散！

故事来源：电子工程学院　赵唯羽

14 收获友谊，提升能力

苏默语在科技协会公关组担任干事，并在第三十一届"星火杯"中，负责陕师大来宾的接待工作。

第一次负责接待工作的他内心充满着忐忑与期待，在"星火杯"开幕的前一天，甚至激动到出门忘记带钥匙，只能穿着西装爬窗户进入宿舍。开幕当天早晨他简单地吃了几口早饭便去与大家会合，早早地便前往校门口等待迎接客人。苏默语清楚地记得，那天早上有点冷，大家穿着西装在学校东门的风中瑟瑟发抖，那种急切激动的心情就像是一群放学后在校门口等待家长来接的小朋友一样。

他们一路从毛主席亲笔题词的石碑前走到了"星火杯"主会场——远望谷体育馆，在调侃中逐渐打破了大家初次见面的尴尬气氛。

那天的体育馆很是热闹，"星火杯"开幕式后，苏默语和他的搭档带着陕师大的十几位同学参观着优秀作品展览，就像"赶着一群羊"，时不时有一些"小羊"掉队迷失方向，两个人需要一个带路，一个去寻找走失的"小羊"。午餐后大家似乎一点都不累，没有片刻的休息，苏默语便和搭档开始带大家参观校园，逐一打卡西电的校园特色地标——观光塔、图书馆、小型 FAST、情人坑，还有 B 楼的玄学设计。在他们悉心的讲解下，一行人彼此的距离也在不断地拉近。下午三四点钟，苏默语和搭档拖着疲惫的身体来到了校园行的最后一站——星火众创空间，并把参加交流会的同学送入了会场。本以为终于能够休息一下，令人哭笑不得的事情发生了，有几位陕师大的同学逛得不够尽兴，提出要再去周围看看，还有几位需要提前返回学校。于是他与搭档分成了两批，由苏默语带领一部分想要继续参观的同学继续游览校园，搭档则带领需要提前返校的同学前往东门打车返校。

第一次穿皮鞋并不舒服，面临队伍中出现的一些问题他们也一头雾水，但无论如何，他们坚持下来了。与陕师大同学的相处也让他们受益匪浅，从学术氛围、科创氛围聊到学校八卦，不仅了解了彼此的学校，也增进了两校的友谊、个人的友谊。临别之时，他们也互留了联系方式，直到现在苏默语还和当时的同学们保持着联系。这次的活动，不仅增长了见识，加强了工作能力，甚至交到了几个外校的朋友。西电"星火杯"对苏默语来说早已不是一场简单的竞赛或一份枯燥的工作，更是一次机遇，一件幸事。

故事来源：机电工程学院　苏默语

15 点点星火，引路科创

2019 年初入西电，对大学生活的一切都十分憧憬，但也伴随着迷茫，一切都和吴学昊高中三点一线的生活不同，他的生活也不再只是整日奋笔疾书备战高考。大学的生活少了严格到分钟的规范，多了许多不同以往的生活方式，吴学昊的选择更多了，视野更广了。在这时，他接触到了学校的"星火杯"，也从此走上了科创的道路。

在一开始，初识科创的吴学昊并不了解什么是"星火杯"，更不了解什么是科技竞赛，便和两个好友一起组成了自己的参赛小队。在此之前他们没有任何经验，他们清楚地认识到自己暂时无法完成一些高难度的作品，所以商量再三，他们决定从最基础的做起。虽然他们没有高端的技术和丰富的经验，但他们细心、肯钻研、有毅力、肯学习，也有并肩作战的勇气和团队力量的支持。边学习边操作，从焊接一个简单的光立方开始，他们慢慢地探索到了什么是科创，什么是竞赛。

从主板到焊灯，他们三个一边讨论学习一边实践，所以进度并没有很快，常常一坐就是一个下午，有时候匆匆忙忙地去吃个晚餐，又回来继续研究。焊枪的温度很高，接触锡丝的时候难免会有烟熏到自己，主板上有些零件的接口比铅笔芯还要细，要焊好就要努力凑近去看，所以好几次烧到自己的头发。这些小问题接踵而至，他们只能一边做一边总结，虽说进度慢问题多，但是当他们越来越熟练地操作着、自己亲手焊完所有器件的时候，他们的内心只被开心和满足充斥着，丝毫不觉得劳累。

星星之火，点亮了吴学昊的科创之路，更点燃了吴学昊走下去的欲望。"星火杯"是吴学昊参加科技竞赛的开始，也是在这里他认识到了自己做科创的初心。未来的道路或许艰难，但是他一定会永葆初心，永不退缩。

故事来源： 电子工程学院　吴学昊

16 发现身边的小"闪光"

答辩的前一天天空一直下着微微阵雨，淅淅沥沥的小雨让白祎桦的心情放松了不少，思路也随着清新的空气变得更加明晰。

窗外的雨轻轻敲打着玻璃，而窗内的白祎桦呆呆地盯着桌上的机械小车，它好似从未真实存在，但此刻，它又真切地站在他的面前。完成科技作品之路不一定是一波三折、历经波澜坎坷，正如他们完成它的过程：没有争吵，也没有人懈怠，有的只是每个人兢兢业业地完成自己的工作，有的只是大家追求作品更完美的期许。白祎桦认为团队中的每一位同学都值得自己学习和尊重，但其中令他最为敬佩的是贺俊龙同学，他负责这个小车最核心的"大脑"——单片机编程。在他们对代码一筹莫展之际，贺俊龙同学只轻轻说了句"相信我"，然后一切都如期完成，也成就了现在获奖的他们。

第二天，也就是正式比赛的日子来临了。他们比赛的场所是远望谷体育馆，所有的选手都要在评审席前等待老师的提问评审，可以说答辩的成功与否决定了此次比赛的结果。一想到都是资深的老师来提问，白祎桦开始有些紧张，但是当老师们真正开始提问的时候，他的紧张感却在渐渐消失，取而代之的是一种自信。由于之前的准备很充分，所以他回答得从容不迫，也尽力详实地将他们的成果介绍给各位老师。看到老师们投来赞许、认同的目光，他知道自己的努力没有白费。

几天时间在恍惚之中流逝，获奖名单公布了，白祎桦团队也位列其中。他在兴奋之余，更多的是一种感慨。回首过去的几个月，在完成学业之余，他坚持拖着疲惫的身体去完成自己的梦想，用其他人的休息时间为自己的梦想添砖加瓦，但好在一切都是值得的。获奖是对他们努力的一种肯定，也证实了白祎桦一直以来的信念：梦想总会在勤奋的天空绽放。此次参赛还让白祎桦结识了很多志同道合的朋友，大家都满怀对科学、科技的热爱以及对知识的尊重。

白祎桦想，时间终会慢慢消磨掉一时的激动和成就感，而永远留在他心中的是比赛过程中难忘的经历和从中获得的体会，这将成为他一生中最宝贵的财富和最美好的回忆。在此，白祎桦倡议同学们积极参与"星火杯"，认真发现你身边的小"闪光"，找寻灵感，在科技创新的道路上积极探索。

故事来源：微电子学院 白祎桦

17 我的"星火"之路

上大学以来已经连续参与了三届"星火杯"大赛，今年刘津宏也毫不例外。

大一的时候，刘津宏在第二十九届星火杯中负责开幕式画外音，一句"开幕式即将开始，请同学们将手机调至静音或振动状态"，配合开幕式彩排了两天。答辩当天他还在展厅进行引导工作，为每一位来参赛的选手解答各种问题。每一位选手都带着自己精心准备的作品，满怀期待来参与比赛，这使得刘津宏也被深深感染，在展厅做了一早上的指引都没有感到疲惫。

在第三十届"星火杯"中，刘津宏作为开幕式的导演，负责开幕式的策划和彩排。三十届是整数，学校决定在体育馆主馆的大舞台上举办"星火杯"的开幕式，而他要负责策划这场盛大展赛会的开幕式，不禁在紧张之余也充满了期待。"星火杯"已经整整三十年了，校学生科协也与"星火杯"一起成长了三十年，刘津宏第一次因为科协产生了强烈的自豪感。为了保证当天半个小时的开幕式不出现一点问题，从前期一次次打磨开幕式台本，策划每一年最重要的启动仪式，精心挑选每一个环节的背景乐，到进入体育馆彩排后反复练习每一个环节：PPT切换、BGM切换、灯光切换、礼仪引导、启动仪式旗手入场、跑位、挥旗。开幕式开始前的一周，刘津宏每一个晚上都在体育馆彩排到很晚，看着空旷的舞台，试想一想开幕式当天的盛况，他就压抑不住内心的激动。

时间来到第三十一届"星火杯"，刘津宏负责统筹"星火杯"的整体工作，参与到"星火杯"每一个环节的设计当中：与人社局一次又一次协商氛围营造方案及开幕式方案，策划机器人表演赛，确定评委老师名单，计划当天的答辩安排；也为了副馆展厅的搭建在大学生活动中心、体育馆通宵干了几个晚上。这一年"星火杯"真正交到了我们2017级科协人的手上，三十一届"星火杯"是与西安市大学生创客节一起合办的，更大的舞台也伴随着更大的挑战，"一定要让'星火杯'更好"，正是这种强烈的责任感和使命感一直推动着刘津宏。

"星火杯"已经成为刘津宏从大一到大三、从2017年到2019年每年11月到12月最重要的一项工作。他不仅从不同的角度见证了这场属于西电学子的赛事，也对"星火杯"有了更加全面、深刻的认识。刘津宏认为每一个西电学子都应该为"星火杯"感到骄傲和自豪。

故事来源：人工智能学院 刘津宏

18 扎根科协，逐梦"星火"

吴琪上大三了，而"星火杯"也已经陪他走过了大学生活的四分之三。

吴琪加入西电大学生科协的起因就是"星火杯"。2017年的10月份，他作为班委参加了"星火杯"的宣讲会，第一次感受到了大学学科竞赛的新奇以及西电大学生科协骨干的优秀，于是加入西电大学生科协成为吴琪入学后的第一个目标。

在第三十届"星火杯"的时候，吴琪已成为了大学生科协的骨干。第一次要在四五百人面前宣讲，他的内心充斥着紧张不安，所以他认真练习，充分查阅资料，从"星火杯"历史起源到近年的优秀参赛作品及各类比赛数据，方方面面的内容都烂熟于心。在这之前，吴琪从未想过一个大学的校内竞赛竟然能走过三十年的春秋，西电大学生科协也能够成立三十年之久。作为西电大学生科协人，他们要把走过了三十年的"星火杯"办的盛大，办的成功，办的难忘，要给"星火杯"和西电科协庆祝三十岁的生日。怀揣着心中的目标，他们一次又一次地开会商议宣发、赛程等内容；一遍又一遍地核验名单、物资等细节；一个又一个的晚上从大学生活动中心的窗户翻出去回到宿舍。第三十届"星火杯"开幕式的前一夜，他们在远望谷体育馆守夜。西安的12月是极其寒冷的，他们虽只有薄被御寒，但内心却无比火热。那是一份份按捺不住的在热血中奔涌的兴奋与热爱，而第三十届"星火杯"让吴琪感触最深的也正是这份坚持后的喜悦。

第三十一届"星火杯"吴琪又转换成了不同的角色，这一次他面临着新的挑战，肩负着更重的责任。这一年的"星火杯"是从指导负责"星火杯"宣讲的学弟开始的，在他看来，将自己的经验传承下去是一种很神奇的体验，仿佛自己又重新经历了一遍。吴琪想，一个走过三十多年春秋的学生组织最宝贵之处也莫过于此：一代又一代人的经验不断传承、创新，成为一个组织源远流长的脉络，厚重且鲜活。这一年，吴琪作为大三的骨干成员，开始学会独当一面，努力探索"星火杯"的一切可能与不同。在构成"星火杯"的各个角落里，他们行动着，也思考着，用尽力气来确保每一个环节的出彩与零失误。对吴琪而言，第三十一届"星火杯"让他收获的是处理细枝末节能力的提升。

吴琪很快就要升入大四，第三十二届"星火杯"也会翩然而又磅礴地向他走来。吴琪期待着能够在西电科协，携手"星火杯"一起走过他大学的第四个年头。"星火杯"，星星之火，永不落幕。

故事来源：微电子学院　吴琪

19 焊接大师

"星火杯"是范晓飒同学上大学以来参加的第一个比赛，"星火杯"对于他而言，印象深刻。

为了准备作品参加"星火杯"，他与计算机科学学院的一位同学组成小组，选择激光竖琴作为他们的参赛作品，然后再一起共同制作他们上大学以来的第一个自制作品。

他们选择激光竖琴的原因有多方面：一是它较为简单；二是对于他们来说，激光竖琴相对有趣，不需要手指的技巧，只需要通过控制激光就可以实现音乐弹奏的效果，可以说是既方便又有趣。

在制作作品的过程中，他们在焊接的地方一待就是一下午，做着看似无聊却也十分有趣的焊接工作。

在焊接过程中，他们彼此交流，遇到难题会自己想办法去解决，种种解决困难的小细节至今仍在他的脑海里若隐若现。范晓飒记得最清楚的一个时刻是，当他们焊接出现问题时，他提出一种解决方法，之后队友夸赞他说："你好聪明啊。" 范晓飒无法准确描述自己的心情，若要描述，可能有开心，也可能有一种感动。在此之前，范晓飒是一个对自己认知不太清楚的人，他对自己的自信是建立在自己的感知上。这是他为数不多的从陌生同学口中听到对自己的肯定，那种自信的感觉很坚实，也让他有了更多的底气。

范晓飒还记得他们开始时焊接技术不过关，焊锡时常常无法形成锥状焊接，一个完美的焊点常常就会令他们高兴不已，要是一连出现好几个完美的焊点，他和队友就会开启商业互捧模式："不愧是焊接大师""厉害呀""看这技术"，等等。当然他和队友也偶尔会看着自己完美的焊点而自夸："看咱这技术"。总而言之，这算是他们在无聊的焊接过程中，获得开心和放松感的来源之一。

当经过一下午的焊接后，他们制成了自己的作品，声音响起的那一刻，他们的心情除了开心喜悦，更有着一份对自己的肯定。

故事来源：人工智能学院 范晓飒

20 无人机植保喷洒农药小助手

中国作为农业大国，有着 18 亿亩基本农田，每年需要大量人员从事农业植保作业，但是我国每年农药中毒人数却有 10 万人之多。同时，由于农药对人体伤害较大，年轻人大多不愿意进行农药喷洒，农村青壮年劳动力逐渐稀缺，人力成本日益增加。基于此情形，在西安电子科技大学第三十一届"星火杯"上，宁婧与她的团队向大家展示了一个解决国家农业发展困难的科技作品——无人机植保喷洒农药小助手。宁婧初入大学就对"星火杯"有着浓厚的兴趣，大二之后，兴趣与日俱增，萌发念头，于是借此时机，开始组队研发。宁婧是西安电子科技大学航模社团的一名队员，航模社团里一直摆放着一架空无人机机架，她希望能抓住"星火杯"这次宝贵的机会来好好利用这架空机架。于是，她在社团里找到了与她一起参赛的队员并一起思考如何能更好地改装、完善这架无人机机架。有一天，宁婧在手机上看到了可以避免喷洒作业人员暴露于农药危险的植保无人机，这时她的想法就诞生了。想法很重要，但也不能只是三分钟热度，只有真正的学习才能长久走下去。正是这种对科学和创新的兴趣，以及不懈的努力，宁婧最终取得了累累硕果。

她与团队一起协作制作了一个农药喷洒系统并将其装配到无人机上，最后又给无人机加上了电机、电调、桨翼、飞控、接收机和电池。但是考虑到人工操作会增加劳动力和劳动成本，他们连夜研究无人机自动巡航和锁定目标系统，他们一鼓作气，连着三天三夜不停地写代码、查资料。终于，在他们的共同努力下成功地制作出了一台自动喷洒农药的无人机。虽然他们在制作的过程中遇到了许多困难，产生了许多分歧，甚至想要放弃，但是，他们始终怀揣着梦想与希望，一次次冲破重重困境，最终吹响了胜利的号角！

故事来源：电子工程学院　宁婧

21 星火桥梁，通向一切可能

时光荏苒，今年已经是"星火杯"开设的第三十二届了。记得刚入校时，还是第二十七届"星火杯"。那时刚刚成为校大学生科委的雷清扬，第一次了解到这个在西电颇具特色的比赛，一个与高中不同，考验不同能力的比赛。虽然第一次参加"星火杯"的结果并不是很理想，只拿到校二等奖，但在此期间，作为校大学生科委的雷清扬在与同班同学做项目研讨、征集项目时建立了深厚的友情，也在比赛期间认识了大学期间对他帮助很大的一位老师。

在此之后，雷清扬愈发地喜爱上了科技创新这条路。通过"星火杯"这个平台，他们发现了自己的兴趣所在，找到了自己的喜好；同时也学会了结合自己的专业特点，通过这个平台，找到了自己专业知识的价值所在。在继续参加"星火杯"的过程中，雷清扬也有机会认识到了更多的老师，见识到了更多优秀的人才和作品。以"星火杯"作为起点与跳板，参加"挑战杯""互联网+"，申请休学创业，他发现了一条与之前所不同的道路，在迷茫之中找到了新的方向。

"星火杯"三十二载以来，正是为无数像他们这样的人搭建舞台，展示自我；也为还没有发觉自己所爱领域的人提供机会去发现自己的兴趣。星火因科技人的汗水而闪耀，科技人因一次次的比赛而成长、强大、炫目。雷清扬想，虽然在很多人的眼中，"星火杯"是一个"大学四年最少参与一次"的回忆，是一场焊接大赛，亦或是工程设计课的学分，但对他而言，"星火杯"的意义并不止如此。如果有机会能够再次参与"星火杯"，他依然会全力以赴。

故事来源：经济与管理学院　雷清扬

22 星火点亮大学路

李希明说，毕业在即，脑海里总是在回忆过往，正好校大学生科协的同学要征集一些关于"星火杯"的回忆、感受，索性写下几行文字，既是对这段"星火杯"经历的总结，也是给学弟学妹们的一点小建议。

每个西电人都会有一段"星火杯"回忆。幸运的是，李希明的这段回忆可能稍微丰富一些。大一初识"星火杯"，与室友合作了一个比较常见的小车，最终只收获了院级奖。评委老师说：大一的孩子能做成这样已经不错了，继续努力。在高手如云的"星火杯"赛场上，这看似简单的一句话却极大地激励了他。第二次参赛，刚好赶上加入学院学生实验室的机会。暑假的时候，他与几名大一的同学决定留在学校和学长们一起做项目，外观设计、定做部件、连电路、敲代码，几个毛头小子在实验室做了一个月，解决了一个又一个问题。最后那晚，当皮影机器人在音乐声中缓缓舞动的时候，那一刻仿佛一位老父亲在欣慰地看着自己已长大成人的孩子。最后，在第二十九届"星火杯"上，他们的这件微型智能皮影机器人获得了特等奖和最佳外观设计奖。至此，他们的"星火杯"历程画上了句号。但"星火杯"的传承还在继续，每一年都会有许多有技术、有创意的新作品登上领奖台，越来越多的新生在大一时就能感受到科技的魅力。李希明想"星火杯"的意义莫过于此，既能助力一些精尖项目的发展，又能广泛地激发、传播科技创新的理念。

现在回想起来，老师的一句鼓励重新燃起了他对"星火杯"的热情，实验室学长们的帮助，让李希明在大一时就能清晰地规划好自己四年要做的事。其实，不仅仅是"星火杯"，他还希望学弟学妹能找准自己的方向，尽早地规划好自己的生活，莫要虚度光阴。时间飞逝，不知不觉中，几个初次参加"星火杯"的毛头小子已经开始收拾行李准备离校了。李希明很庆幸自己的大学四年没有虚度，感谢"星火杯"为他们的大学生活增加了一些闪光点。

故事来源：物理与光电工程学院　李希明

23 攻坚克难的团队力量

刘晓东本科毕业一年了，突然收到学弟邀约，邀请他写一下"星火杯"中最有感触的经历。一瞬间，过往思绪涌上心头。

刘晓东、星宇和文谦，他们三人从大二开始准备"星火杯"。也许是机缘让他们凑到了一起，但现在回想，那段经历是如此的耐人回味。

第一年，他们的作品是通过识别人体手臂的关节，控制机械臂抓取物体。离提交作品还有一个月，他们甚至还没有买齐配件。那段时间，他们每个人压力都特别大，一方面是没有做过这么复杂的作品，另一方面是准备时间确实紧张。刘晓东和星宇负责机械臂的控制，文谦负责人体关节的识别。那个时候，他们三个也是处于边学边做的状态，有时候一个莫名的漏洞会让机械臂不受控制，为了控制抓取物体的毫米之差，他们通过测试积累了大量数据。经常宿舍熄灯之后，他们还在进行测试。虽然他们压力都很大，但没有一个人提出降低作品设计复杂度，降低难度。经过一个月的调试，作品在最后一刻如期提交。即使面对其他成熟团队的作品，他们的作品也毫不逊色，且最终斩获了不错的成绩。

第二年，他们升级了作品，做三维动态建模，技术难点在于三维点云模型的建立和时间维度的增加。而这一次，他们准备了将近一年。

前前后后经历了两届"星火杯"，可以说收获最多的不是学到了什么技术，而是团队的凝聚力和那份坚持。一个有凝聚力的团队，在项目的推进中是必不可少的。一方面，团队成员之间的优势互补可以提高项目的完成度；另一方面，项目遇阻时彼此之间的鼓励和依靠是坚持下去的最大动力。刘晓东希望以后的学弟学妹们，在参与竞赛的过程中，能多多感受这种团队带来的力量。彼此的支持，是渡过技术难关最强的动力！

故事来源：通信工程学院　刘晓东

24 天道酬勤——小白也能走上科研之路

在第三十届"星火杯"参赛现场，电子工程学院 2015 级卓越班学生路晓男等三位同学凭借着作品《三维重建救援探测机器人》登上了特等奖的领奖台。该作品结合实际救援环境的需要，依托机器人运动平台，根据深度及彩色数据实现对目标场景的探测和三维重建。

该作品是路晓男同学在大二期间的一个想法，并申请了大学生创新创业训练计划。即便一个人的能力再强，独自完成作品的难度依旧很大，所以能够和志同道合的人一起组建一个团队也是他非常期待的事情。当团队里的人都有着高昂的斗志和极大的兴趣时，这个团队便产生了很高的工作效率。而对于现在的自己，他认为还不够优秀，只有学好基础课程，脚踏实地，扎稳根基，才能摆脱只发展一项技术的局限性，去涉及更多领域。

在项目开始之初，团队的三个人都是"科研小白"，从材料的选取、购买到程序的设计、实现，每一个环节都无从下手。就这样"煎熬"着到了暑假，三个"小白"决定利用假期的时间，留在学校进行项目实践。机器小车的组装、电机的控制程序、控制界面的设计、信号的无线传输……每一个看似简单的技术问题，对他们来说都是没有接触过的难题。这时才发现只靠课堂学习的知识是远远不够的，三个人开始对项目功能进行拆分，每人负责一部分，去图书馆查资料、动手实践。在全英汇老师的指导下，经过近一年的时间，每一个技术难关都逐渐被攻破，实现了最终的三维重建功能。

在"星火杯"复赛的交叉复议环节，评委老师看到该作品后说："哈！这'大家伙'终于出现了！"听到这句话，路晓男觉得很开心，因为自己做出来的东西吸引了老师的关注。通过完成该作品，路晓男同学了解了科研的流程，提高了自己的动手能力。天道酬勤，付出必定有所收获。所以，动起手，开始做，"小白"也能走上科研之路！

故事来源：电子工程学院 路晓男

25 燎原大势，始于星星之火

2017 年，杨猛决定参加"星火杯"大赛，这也是他参加的第四届"星火杯"。大赛年年有，然而每次绽放的却是不一样的花朵，收获的也都是不同的果实。

杨猛说，大一初入西电，"星火杯"是每个同学的启蒙课，迅速将我校浓厚的工程氛围展现给一个个新生。全民皆兵，不管是电子琴、呼吸灯还是光立方，每个人都能感受到动手的快乐，从此个个都崇尚技术，对技术大牛的崇拜又添了几分。这时，杨猛得了校级二等奖。大二初露头角，经过一年的锻炼，加上电路等相关课程的学习，理论结合实践，曾经的新生此时已经会试着用双手去实现自己稚嫩的想法。这次，杨猛还是校级二等奖。大三时期，杨猛更上一层楼。这时，杨猛已经不仅仅是为了学习某个单片机或者某个编程语言而去制作作品了，他逐渐产生了根据市场需求选择方向并学习相关技术的观念。这一次，杨猛获得了校级一等奖。大四面临抉择，三年的研究之后，他对技术愈发沉迷，参加了 TI 杯，实验室的高强度训练让他的能力全方位大幅提升，对技术的巨大兴趣驱使他决定上研继续积累知识与实践经验。这一次，杨猛没有参加"星火杯"。研一时他更进一步，开始接触学术前沿的高深理论，尝试将其转化为工程样机，旨在打破相关技术的国外垄断，推动工业界相关领域的发展。这一次，杨猛得了校级特等奖。

接着，省级二等奖、省级银奖、省级一等奖、国家一等奖、国家奖学金……今天，杨猛就要硕士毕业，他就要离开西电，离开这个在他心中点燃技术星星之火的地方。杨猛知道，等待自己的一定是更大的舞台。

总之，哪有人会是天生的科学家？众多院士，哪一个不是始于心中的星星之火？大企业家，哪一个愿意浑浑噩噩过一生？生而为人，请你燎原！

故事来源：电子工程学院　杨猛

26 发现细节，脚踏实地

张兆龙既不是一个学习很优秀的人，也不是一个很懂科技的人，他就是一个网瘾少年。和许多男生一样，简简单单，听说校级竞赛上获得三等奖以上可以获得一个学分，于是他和大多数人一样，参加了"星火杯"。但他一没有队友，二没有实力，该怎么去做呢？

那就从自己拿手的东西开始，《我的世界》这款游戏可谓家喻户晓，何不用它来试试？而且，张兆龙听说以前鲜有人将这种题材的东西拿到"星火杯"去呈现，抱着说不定有意外收获的想法他决定尝试一下。

有位老人说得好，一个人的命运，当然要靠自我奋斗，但也要考虑到历史的进程。套用在他们身上，该如何实现呢？他一下想到关键了，何不把整个西电在我的世界里面复刻一遍呢？张兆龙认为这样的效果肯定会惊艳全场。于是他抱着这种想法，前后历时很久，经过一遍又一遍的尝试、修改，在接近一年后，他的作品《基于MINECRAFT的西电校园模型》总算圆满完成了。

如果你觉得张兆龙只有想法那就错了，这个项目是他数次跑遍学校，花了很长的时间，经过多次的思考后才完成的。对啊，你必须踏踏实实地将你的任务一点一滴地完成，这样才会做出令大众信服满意的作品。张兆龙承认他的作品有博取大家情怀的成分，而且这个成分很大，当时他的目的很明确，奔着大家的情怀去。既然获得了大家的情怀分，就必须回报大家真情意切的情怀。

最后张兆龙总结，我们需要有一双能洞察细节的眼睛。就拿"星火杯"举例，很多同学做的东西，都是自己写代码，自己烧录到硬件。"星火杯"已经办了很多届了，那些稀松平常的东西，是无法讨得评委的欢心与认可的。人外有人山外有山，天外有北斗卫星，你需要把自己的优势发挥出来，才能拿出博人眼球的东西。其次，不能只有想法，你得敢于去做，人生的路大多时候都是自己走，总要有勇气坚持下去。

所以，发现细节，脚踏实地，是张兆龙想要告诉我们的。撰写本篇文章的时间是他拿到双证的时候，也意味着他再过几天就会离开这里，张兆龙希望他朴素的话语能对后来人有所帮助。之后几届"星火杯"也有同学因看到了张兆龙的作品而想到了更多的点子，他认为这样就很好。他本意就是抛砖引玉，能给予其他人以启发。

故事来源：机电工程学院　张兆龙

27 梦由心起，路在脚下

从 1988 年西电首届"星火杯"竞赛的创设至今，"星火杯"已然像它的名字那样星火相传，代代不息。陈元与"星火杯"结缘还是在他大一的时候，而正是这次邂逅，陈元体会到了科技带给他的成就感。

大一刚入学便听领航学长讲述了西电"星火杯"的事情，当时的他虽然有点懵懂和轻微的恐惧，但还是按捺不住心里的好奇，将这件事情牢牢地记在了心头。一颗孕育着渴望与"星火杯"结缘的种子就此种在了他的心间，并最终在学校发布"星火杯"报名通知时破土发芽。

接到报名中心通知，青涩懵懂的陈元决定与军训时结识的小伙伴蒋同学一起完成这个作品，以作为见面礼呈现给他初次见面的大学。他们开始在网上查找西电"星火杯"往年的参赛作品，也听取了往届学长给予的宝贵建议，最终决定完成一个技术比较基础的校园垃圾分类系统。

在有了创作的目标后，他们便立即分工行动起来。陈元主要负责总体规划，并查找相关设计资料，以及设计实验参数，而蒋同学则是采集相关的创作原料，并参与总体的实践操作。虽然初次入门，多次碰壁，但是他们都不会忘记那段挥洒过无数汗水的时光。正是那段岁月让陈元对科技，尤其是互联网产生了强烈的兴趣；陈元和蒋同学的友谊也变得更加坚固：他们互相了解彼此，直到现在也是非常要好的朋友；最后他们也是更加细致而具体地了解了西电，这个他们即将学习并生活 4 年的大学。

历经一周的努力奋斗，他们终于完成了垃圾分类系统的制作，并且额外做出了 PPT 演示和实物缩小版模型。当然这一切的完成并不简单，有在尚不熟悉的图书馆翻找资料时的不知所措，有点灯熬油思考设计方案的窘迫时刻，更有实际操作屡屡碰壁的无可奈何。虽然有这么多的困难，但是他们始终坚持着，努力要呈现最完美的作品。在这之后，他们最终获得了三等奖。虽然奖项不是很高，但是他们在这次活动中获得了历练，也收获了很多的经验，包括团队合作，以及人际交流经验，还有相关的知识积累。这一切无疑都是他们今后的宝贵财富，是激励他们始终向前的动力。

陈元希望西电的"星火杯"延续不断，就像在西电人身体里流淌的红色血脉一样，绵延不息。

故事来源：网络空间安全学院　　陈元

28 人生虽有憾，奋斗永不息

1988 年，西电首届"星火杯"竞赛应运而生，时至今日，"星火杯"俨然已经成为西电的一大盛事，不知从何时起，在西电的校园里，便有着参加一次"星火杯"，才不妄为西电人的"规矩"。胥凯依稀记得，在他被西电录取但还未入校之时，便听闻了西电闻名远近的"星火杯"赛事。那时的他，作为一个在技术和编程领域完全陌生的"小白"，竟也在心底萌生了要投身科技创新的想法，于是便和有着相同意愿的舍友结队，踏上了一次难以忘怀的学习之旅。

胥凯和队友并没有相关的经验，一切都是从零开始，编程、策划、设计、制作、焊接、答辩，这都是他们不曾接触过的全新领域，也因此充满挑战性，给他们赋予了全新的生命力。

赛初准备阶段，他们便与 C++编程进行了一番"苦战"，面对着完全看不懂的框架和算法，也曾痛苦和迷茫。虽然饱受百般"折磨"，他们却从未想过放弃，在遇到难题时，他们一边寻求老师解疑，一边寻找周围的编程大佬帮助。就这样，在摸爬滚打中，他们掌握了一些基本却重要的编程能力，那些内化于心的力量，也成为了他们日后学习生活道路中的坚实后盾。

除此，他们还通过网上查阅的方式，寻找单片机的相关教学视频，由于时间紧张，他们没有办法详细了解相关内容，在有经验的学长学姐建议下，他们只学习了其运作机理和烧写代码的注意事项。直到现在，胥凯的脑海中还存留着那段时间双手敲击键盘的声音，队友还调侃地说他因为敲代码，连手都瘦下来了。那时，甚至在走向食堂、收取快递、返回宿舍的路上，都可听见同学们讨论比赛战术和实践创新的话题。弥漫在整个学校的竞赛气氛和学术氛围让胥凯对西电产生了更加炽热的感情，能与如此优秀的同学们一起学习探究，于他而言，真是一件极其幸福的事情。

在经过了数周的奋斗后，他们的作品终于成功实现。虽然只是一个简单的气体验试仪，只是小小的一部分，却饱含着他们以及在背后默默帮助他们的所有人的心血和付出。由于要组织学生参加大赛活动，胥凯没有时间去参加大赛答辩的环节，只能由队友只身前往，奋力一搏。对于性格内敛的队友来说，这项任务便显得更具挑战，胥凯甚至可以想象队友在面对着答辩老师时微微颤抖的身体，和隐藏在深处一往无前的内心。

是的，结果虽不尽如人意，他们也没有取得奖项，但是那设计运算的手稿至今还整齐地摆放在胥凯桌子的抽屉里。他知道，不是每件事都可以做得完美，但只要用心，就足够精彩。感谢"星火杯"为他们提供了这样的一个学习与锻炼的机会，让他们在未知的领域拓开一方阔土，他们会秉持着"学海无涯"的赤子初心，在未来的道路上奋勇厚积，砥砺前行！

故事来源：微电子学院　胥凯

29 感恩星火

作为公关组的一员，在第三十一届"星火杯"的举办期间，高雅晨负责的是接待工作。11月23日一大早，穿着正装的外校接待负责人们在星火众创空间会议室里集合。他们一边调侃对方着正装的模样，一边带着些许紧张和期待等待着外校同学的到来。接到外校的同学后，高雅晨和另一位负责人吴学昊同学临时组队，带领三位来自西北政法大学的同学将他们带来的文创产品放在了对应的展位，还带着他们参观学校。在路上，高雅晨向他们介绍了西电曾获2009年鲁班奖的公共教学楼、群行政楼、图书馆与西电地标眺望塔等，还和他们交流了各自学校的学习与生活。

本以为这一天就会这样顺利地过去，但是却出现了插曲——在交流会结束后，远望谷体育馆的展览会也已结束，里面除了工人什么也没有了，西北政法大学的同学带来的文创产品也消失不见。高雅晨和吴学昊立即联系了他们的组长，然后开始在展览会场里帮助外校的同学寻找他们带来的文创产品。后来组长在工作人员那里找到了丢失的一部分文创产品，但仍有一部分没有找到。看到时间已经很晚了，他们诚恳道歉后请外校的同学先返回校，保证后续如果找到了产品，会亲自送往展台，而外校同学也很友善地一直在说没关系。

高雅晨、吴学昊和组长送走外校同学以后，都已经身心俱疲。后来公关组一起拍了合照并去了综合楼聚餐。至此，"星火杯"的工作就结束了。

对高雅晨来说"星火杯"的这次活动是一段很难忘的经历，让他经历了许多"第一次"——"第一次"穿正装、"第一次"外校接待、"第一次"外校交流、"第一次"步数突破36000、2019"第一场"雪……而且也让高雅晨对西电有了全新的了解，同时也了解到外校的各种文化。自从参加过"星火杯"的活动，不论是校大学生科协公关组的活动还是"星火杯"大赛，对于高雅晨都有了特殊的含义，它们不再仅是高雅晨工作的小组和参加的竞赛，更成为高雅晨成长的见证者。2020年，高雅晨会继续在校大学生科协公关组努力，并认真落实"星火杯"的工作，将这份难忘的经历传递下去。

故事来源：人工智能学院 高雅晨

30 星星之火，不解之缘

　　说起"星火杯"，王鹤潼与它有着不解的缘分。王鹤潼是通信工程学院2016级本科生，现在是2020级的一名研究生，在本科期间，王鹤潼担任班里的科技委员，也是通院学生科协院部的副部长。担任这些职务，他首要责任就是在班级宣传"星火杯"，收集参赛作品，组织通信工程学院学生院赛，将优秀院赛作品报至校科协，与校科协进行交接。

　　要说在"星火杯"中印象最深的一件事，那一定是第二十八届"星火杯"，王鹤潼制作他的参赛作品——激光琴的时候。这项作品里连接的导线很多，据不完全统计有60余根，且制作的激光琴体积较大，设计电路和制作外观的难度都不小。在烧录代码并焊接好电路板之后，需要将激光琴的"琴弦"——光敏电阻和激光发射器接入电路板，而这时的时间已经很紧迫了。在王鹤潼的印象里，还有不到两天的时间，就要提交作品了。他争分夺秒地剪导线，剥离绝缘层，焊接连入电路。就在他剥离一根导线绝缘层的时候，导线里的铜线突然扎入了右手大拇指指缝，当时时间紧急，他匆忙把导线拔出来，就又投入到激光琴的制作中去了。

　　功夫不负有心人，在通院院赛答辩中，他的激光琴脱颖而出，获得了通信工程学院的一等奖。但是，王鹤潼还没来得及高兴，右手拇指就开始疼得让他难以入睡。第二天一早他赶紧去校医院检查，大夫告诉王鹤潼，因为上次被导线扎入之后，没有及时消毒处理，右手拇指现在已经感染了，里面都是脓，需要输液消炎同时上药拔脓。当时是大一的上半学期，王鹤潼每天都有满满的课程，并且还有很多作业，而王鹤潼受伤的恰好是右手大拇指，这意味着，王鹤潼只能用右手虎口顶着笔写字。在每天拔脓和输液的半个月之后，右手拇指终于逐渐恢复。但是，他有很长一段时间已经不适应正常的握笔姿势了，并且时至今日，右手拇指的指甲也没有完全恢复，只有薄薄一层，也难以长长。

　　这次意外的受伤，更见证了王鹤潼为"星火杯"参赛项目的拼搏精神。当时加班加点写代码，设计电路，有条不紊地连接起近百条导线，最后通电试验成功的场景常常回想在他脑海里，虽然四年过去了，这些场景依旧历历在目，每每睡前，甚至午夜梦回，这一幕幕都会重新映入王鹤潼的脑海。

　　除了个人的成绩，更令他骄傲和自豪的是他们班和通信工程学院取得的成绩。他们班共有23件作品参赛，并且全部经通信工程学院院赛保送进入校赛终审决赛。在通信工程学院院赛中，他们班董志宇组、李金栋组、王鹤潼组，共三组作品，五名同学获得通信工程学院院级一等奖，数目为全院最多；尘原组、孙浩翔组，马颖达组，何之源组，衣伟航组，共五组作品，十三名同学获得院级二等奖，并且名列前茅，与院级一等奖仅一步之遥，他们班院级一、二等奖获奖数目之多，作品质量之高不禁令很多班级瞠目，引得很多同学羡慕；江威组，单君正组、杜子昱组、夏则禹组等十二组作品，二十一名同学获得院级三等奖。

更为可喜的是，在第二十八届"星火杯"校赛终审决赛中，他们班五组同学力压群雄，在众多作品中脱颖而出，喜获校级奖项。孙浩翔组、杜皓暄组荣获校级二等奖，李金栋组、苑森溥组、夏则禹组荣获校级三等奖。通信工程学院时隔三年再度捧得"星火杯"(团体第一名)，离不开这些同学的努力与付出。他们不仅为班级增光添彩，更为通信工程学院争得了荣耀。

王鹤潼虽然已经结束了本科阶段的学习，但在后续的"星火杯"院赛、校赛比赛的时候，他依旧会来到现场观摩比赛。因为在每一项"星火杯"参赛作品，在每一位参赛的同学身上仿佛都有着他们当年比赛的缩影，王鹤潼与"星火杯"的不解之缘还远未止步。

故事来源：通信工程学院　王鹤潼

31 圆梦星火

　　来到西电不久，郝坤伟就了解到了"星火杯"的存在，听说"星火杯"几乎是每个西电学子都要参加的比赛，那时刚刚从压力山大的高考中走出不久，他对一切充满了好奇，也摩拳擦掌，跃跃欲试。

　　早在报名前，郝坤伟就开始了制作工作。他通过查阅大量资料，参考往届的获奖作品，了解到单片机相对简单，入门门槛低，灵活性强，适合新手挑战，最终决定用单片机制作一个报警器。确定好目标后他便开始学习单片机程序编写，由于他之前学习了一点 C 语言知识，有一定的编程基础，所以只需再学习一些新语法命令。于是不多日程序就编写完成。

　　等到网购的零件到货之后郝坤伟便开始了焊接工作。由于是第一次接触电子元件焊接，他对一切都很陌生，连电烙铁都不会使用。好在舍友是个手工达人，十分熟悉焊接工作，在舍友的指导下，失败了几次后他终于完成了焊接。等程序烧录完成后，他怀着激动的心情上电，然而却毫无反应。不甘心的他又检查了电路和程序，发现是程序出了 bug，修复后再上电，"滴"，正常开机，郁闷一扫而光。

　　最终郝坤伟的作品获得了院二等奖，获奖后，他才明白"星火杯"给了所有同学一个学习的机会和平台，不仅能学到知识，更锻炼学生的学习和动手能力，让每个参与者获得新的知识和体验，收获进步、成长，这才是"星火杯"的意义所在。

故事来源： 物理与光电工程学院　郝坤伟

32 既然选择了远方 便只顾风雨兼程

那是第二十九届"星火杯",是周琪琛刚来到这个学校的时候,那时的他,刚刚从高压学习、与社会脱节的高中生活走出来,充满了对外面世界新鲜事物的好奇。早在开学前,周琪琛就听说"星火杯"是几乎每个西电学子都要参加的比赛,他也摩拳擦掌,跃跃欲试。

在比赛报名之前,周琪琛就开始着手"星火杯"创作。但当时的他几乎什么都不会,看了宣传里学长学姐们的作品,他最终决定用单片机制作一个电子时钟。确定好方向之后,他开始自学单片机程序编写,搜集了很多资料,也找了有经验的学长请教。尽管尝试了多种学习方法,对于周琪琛这个新手来说,单片机仍然是一个很大的难题。在连续多天的努力无果之后,周琪琛逐渐想要放弃。那晚他向一直帮助他的学长倾诉,说他实在是干不动了,学长耐心地听他倾诉,慢慢地开导他,向他分享了自己之前的经历。在学长的开导下,周琪琛终于调整好心情,重拾信心,继续努力。

那段时间,周琪琛每天的课余时间全都花在了"星火杯"上,他还自学了一些电路知识以及焊接技巧。终于,在周琪琛不懈的努力下,他终于做出了成品,虽然中间遇到了很多问题,但在最终通电测试的时候,系统运行一切正常,当时周琪琛简直比收到大学录取通知书还要开心,多天来的疲惫与困惑一扫而空。最终他的作品获得了二等奖,虽然不及那些获得特等奖与一等奖的作品,但他从一个外行一点点成长,到最终独立完成一个简单的作品,周琪琛已经非常满意了。

在最后获奖的那一刻,周琪琛才明白,"星火杯"并不只是高水平的同学的竞技平台,更是所有同学的一个学习平台。参加"星火杯"活动不仅能学习到知识,更能锻炼学习和动手的能力。"星火杯"以它广泛的包容性,滋育着每一届的西电学子,指引他们走向更高的山巅!

故事来源: 数学与统计学院 周琪琛

33 在思索与创新中行走

2011 年的夏天，当孙其功在西安电子科技大学新生报到点展示区看到一个硕大的机器人时，他便暗暗下定决心，自己一定要结合智能科学与技术的专业特色做出点什么，成为将电子科技运用在实践中的践行者。

迈进大学校门，孙其功很快就熟悉了大学的学习节奏。成绩一直名列前茅，并获得国家奖学金、国家励志奖学金，获得了"学风建设模范"等荣誉称号，在大学总评中以学院第一名的成绩获得保送研究生资格，作为优秀毕业生代表在毕业典礼上发言。

由于他来自农村，在上大学之前基本没有计算机基础，但他认为兴趣和梦想不可辜负，只有通过加倍的努力才能触及并掌握更先进的技术。他有幸进入学院的开放实验室，自此，开启了他的电子信息科学之旅，涉足电子信息领域的最前沿。除去白天上课的时间外，孙其功的时间都花在了实验室。

入学时看到的机器人时常浮现在他的脑海里，他和具有脑电波控制基础的同学合作，制作了"基于脑电波控制的立体图像探测机器人"。该作品在第九届西安高新"挑战杯"陕西省大学生课外学术科技作品竞赛中获特等奖。之后又与同学开发了"光影随行舞蹈特效辅助伴侣系统"，在 2014 年的 Imagine Cup 微软"创新杯"全球学生科技大赛中国区比赛中，获得中国区一等奖的好成绩。

早在 2014 年 6 月，孙其功在学校团委的支持下组建了全国首支以在校大学生为主体的文化科技创新团队，并担任技术总监。团队志在打造"文化科技创意创业工作坊"，集人文历史、经济管理、科技创新于一体，致力研发、推广融合传统文化的科技项目。

2015 年 4 月孙其功带领皮影戏机器人团队应邀前往北京中央电视台参加由中宣部、教育部、团中央主办的《五月的鲜花》全国大学生五四文艺汇演，并为"朝闻天下""西安晚报"等媒体所报道。此后，孙其功凭借其出色的表现获得由中央宣传部、教育部、共青团中央、人民日报社共同指导，人民网、大学生杂志社联合主办的"第十届中国大学生年度人物"入围奖。

2015 年 6 月，孙其功与西安交通大学的博士一起创办了英卓未来公寓项目，专注于短期住宿领域，这是一个以智能、科技体验为核心，以精英社群为驱动力和主要目标客户的分散式公寓，汇聚智能家居、变形家具、创新产品，打造未来家生活。

没有参加过比赛的大学生活是有遗憾的，没有熬过夜的青春是不完整的。在科技的路上孙其功将继续传承"厚德、求真、砺学、笃行"的优良传统，勇攀高峰！

故事来源：电子工程学院　孙其功

34 我的不解之缘

　　初入大学，对于刚从高中封闭式的学习中脱离出来的王珂同学而言，一切东西都是新鲜的。当时学生会招新，他懵懵懂懂地加入了学生会科技部，从此与"星火杯"结下不解之缘。

　　最早知道"星火杯"是听学生会科技部学长说的，"这是西电独有的比赛，你们可以试着参加一下，能学到书本之外的知识，锻炼一下自己的能力"。当时听了这话，王珂感觉自己先前对电子类的东西了解太少，参加不了这个比赛，等一两年后自己具备了一些知识再参加吧，于是就放弃了参赛的想法。

　　一个月后，"星火杯"活动开始了，正当大家都在准备参加的时候，他不以为意。一周后，一个同学找到他，跟他商量合作"星火杯"的事情，他当时很惊讶，同学却说："看你平时学习很认真，做项目也不会差"。他想了一会，觉得有人跟他一起合作就答应了。他们确定做光立方，比较简单，练练手。于是，他们查资料，买材料，看说明，再向其他同学请教，进行焊接。慢慢地他也有了一个雏形，也感到一定的满足，有了继续做下去的动力。

　　那时候学习很繁忙，所以基本都是在周末进行设计，牺牲了学习和放松的时间。断断续续三个星期之后，电路焊接部分基本完工。只剩下了外壳与底座连接。然而，外壳零件却不够，只能用非常规的方法来安装了。他俩找来各种胶，用尽方法，终于把外壳组装完成了。当插头插进插座的那一刻，它亮了起来！他们俩都非常激动，第一次亲手做出来这种东西，他简直不敢相信。虽然难度不高，但是也算他的第一次尝试呀！然后就上交了作品。

　　原以为只需要等待"星火杯"评奖结果就可以了。几天后他被部长安排工作：负责把学院的全部作品收集起来，编上号码，统计报名表和队号，打印论文等。在此期间，王珂看到许多同学的作品，长了很多见识，收获良多。一个月后，评奖结果出来了，虽然没有获奖。但是他们并没有感到气馁，他从中学到很多的新知识新技术，这其实比拿奖项重要得多。

　　"星火杯"是他的第一个实践项目，这让他有信心来应对以后的比赛，引导他拓展更多的知识，感谢"星火杯"对他的"启发"。期待未来他与"星火杯"有更精彩的故事。

故事来源：计算机科学与技术学院　　王珂

35 Maker-craft 四轴飞行器的由来

　　未来快递怎么投递？Amazon 设想用四轴飞行器为客户投递包裹。四轴飞行器作为时下最热门的一种飞行器，已经越来越受到广大科学爱好者和商业公司的关注，从 Amazon 用四轴飞行器为客户投递包裹的设想就可见一斑。由于其具有灵活多变的特点，四旋翼飞行器可以广泛应用于救援、快递等场景。可以在一些复杂的环境里工作，占用空间少；在控制理论不断完善的情况下，四旋翼有着传统飞行器不可比拟的优势，具有良好的发展前景。

　　小型的四轴飞行器可以自由地实现悬停和空间中的自由移动，具有很大的灵活性。此外，它结构简单，机械稳定性好，加上成本低廉，性价比很高。近年来得益于微机电控制技术的发展，稳定的四轴飞行器得到了广泛的关注，应用前景十分广阔。其主要的应用领域集中在玩具、航模，以及航拍，同时新的应用也在不断拓展之中。

　　在第二十七届"星火杯"大赛中，邵率、陈林卓和卢圣健组成的团队就让我们领略了 Maker-craft 四轴飞行器的魅力。他们借鉴了许多现有的开源设计，做了充足的资料准备，进行硬件系统设计和 PCB 绘制以及软件算法编写、硬件焊接、代码调试与优化以及组装调试；后来他们仍然在思考如何融合机器视觉，让机器更智能、灵活，实现更多的扩展功能。他们的作品可以说吸引了所有人的眼球，同时也获得了评委的肯定。凭借扎实的技术功底以及创新的思维，邵率、陈林卓、卢圣健团队在第二十七届"星火杯"大赛中获得校级特等奖。

　　在和三位队员的交谈中，出现最多的字眼非"兴趣"二字莫属。对于项目的开始，邵率说，"初入大学就对这些事(设计、大赛)有浓厚的兴趣，跃跃欲试；大二寒假，兴趣与日俱增，萌发念头，于是开始组队研发。"团队里的人来来往往，最后的这三位队员坚持了下来，卢圣健认为："兴趣最重要，但也不能只是三分钟热度，只有真正的感兴趣才能长久走下去"。就是这种对科学、对创新的兴趣让三位队员从零开始，通过努力最终取得累累硕果。

　　　　　　　　　　故事来源：微电子学院　邵率、陈林卓、卢圣健

36 电视棒改造的全波段收音机

收音机是一个我们非常熟悉的电子产品，西电学生基本都在电装实习的课程中亲自动手组装过一台收音机。这个在 20 世纪初就被发明出来的产品，已经陪伴人们百余年。随着微电子学和无线电技术的迅速发展以及自动化技术的逐渐成熟，收音机经历了多次更新换代。

传统收音机支持的波段、调制方法等极其有限，而专业收音机甚至是短波电台成本高昂且仅能覆盖相应波段，对于各种制式的数字信号也难以兼容，难以解码。

这样一个历史悠久并且听起来功能极大受限的产品，在电子工程学院大一学生张珂手中，发生了怎样的变化呢？

大多数人的高中时代是上课时的书声琅琅，是家与学校两点一线的奔波忙碌，而张珂的高中时代，除了这些，还多了无线电的陪伴。

张珂对无线电技术的兴趣是从一种小巧的对讲机开始的，第一次接触后，他对无线电技术产生了深深的兴趣；对讲机就像一扇不起眼的门，打开后让张珂发现了无限广阔的世界。带着对无线技术的偏爱，怀着刻苦的精神和一颗炽热的心，年轻的男孩在高一的时候就考取了业余无线电台执照并获得呼号 BG6ROG，直到现在张珂仍旧对无线电技术热情未减，并把它巧妙地运用到自己的作品中。

当被问到对于他的这次"星火杯"的参赛作品，如果满分是 10 分的话，会给自己打几分时，他给出了一个出人意料的回答。"5 分吧。因为我觉得其实我的作品非常基础，还存在很大的提高空间，我虽然有幸获奖，但也深知自己作品的不足以及和其它作品的差距。"听起来轻描淡写但却尽显真诚，也相信在接下来的大学时光中，随着知识的不断积累和能力的不断提高，他能真正做出使自己满意、可以骄傲地说出给作品打 10 分的好作品。

研究科学技术并不是一条轻松的路，做科技创新发明也不是一朝一夕就能有成就的。有人说做技术辛苦、累，但若是热爱，更多的时候是取得点滴进步时的巨大成就感，哪怕是改掉了一个 bug，或是成功进行了一个优化。像张珂这样有所热爱，并能够为自己热爱的东西努力付出，将爱好与所做的事完美结合的人，是幸福的。

故事来源：电子工程学院　张珂

37 多功能侦查机器人的由来

如今提起机器人，相信大家都不会陌生，那么由西安电子科技大学的学生只花费了 12 天就迅速成型的机器人又是怎样的呢？

2015 年 12 月 13 日，在第二十七届"星火杯"公开答辩的现场，一个具有双履带的多功能机器人不仅运动灵活，而且具有较高的使用价值，获得了在座评委的肯定。凭借扎实的技术功底，以及综合开发应用的思维，武佳明带领的团队在第二十七届"星火杯"大赛中获得校级特等奖。

多功能履带机器人主要由履带车动力系统、机械臂执行系统、视频拍摄及无线传输监控系统、GPS 定位系统、遥控系统、环境数据监测系统等组成。其无线视频功能可以实现将机器人拍摄的画面通过无线的方式传输到终端，在液晶显示屏上实时观看，传输距离可以达到 100 米以上。通过遥控器远程控制机器人机械臂运动以及履带车运动，可以实现超视距控制。该机器人还搭载了温湿度传感器，不仅可以进行侦查搜救，还可以进行科考任务。测量机器人所在环境的温湿度等数据，测量的数据叠加在视频画面上，用户可以直接在视频上观察。

当被问为什么想到做侦查机器人的时候，武佳明说："每个男生都会拥有一个机器人的梦想，更何况是自己来制作呢？也是在《拆弹部队》这部电影的启发下，我们的团队确定了我们的具体方向。"他们设想：侦察机是不是可以达到超视距控制，并且可传递音频、视频信息；是不是可以拥有机械臂，执行一些更为复杂的工作；机器人是不是可以既具有侦查能力，又具有一定执行能力？

梦想导航，假设引路，耐力相随，将想法化成实际。他们希望可以在现有的机器人的基础上，进行优化组合，利用一架机器人完成多项工作，节约成本，提高效率。认真思考和全面讨论之后，武佳明和他的团队着手研发属于他们自己的多功能履带机器人。

多功能履带机器人是武佳明和他的团队历时十二天完成的作品，可以说是所有参赛作品中历时最短、完成效率最高的。以最短的时间做出最多的成果，这或许是第二十七届"星火杯"的又一种鼓舞式的意义。

"我们之所以可以这样快速地做出成果，是源于前期的积淀，正是前期竞赛的积累，可以让我们在本届'星火杯'中，厚积薄发。"何华俊如是说。

当然，在短短十二天中，他们也会遇到各种各样的问题，但是从大一到现在参加各种各样的竞赛使他们打下了良好的基础。在这一系列的竞赛中，他们不仅有专业的技术功底，而且形成了团队默契。面对一项竞赛，他们对于技术的运用了然于胸，对于项目的分工更是合理有效，再加上通宵达旦，抓紧每一分钟，"星火杯"的成果自然不在话下。

当你看到一群人拿着遥控，跟着小车在学校乱跑时，不要吃惊，那是他们在测试，武佳明他们也是如此。多功能履带机器人的每一项功能都是经历了实验室里多次的测验，以及实地的具体勘测。机器人不但可以平地漂移，还可以山地爬坡，也可以轻松地穿梭草地，还可以穿过坑洼地形，可以越过碎石子路，在相对恶劣的环境下，它仍旧可以穿行自如。同时，机器人也设有机械臂，可以在狭窄空间行进，可以传输视频。它的定位系统为 GPS，在多点位置可以实现信息采集，并且机器人也可以用第一视角进行拍摄，记录周围环境。

一点一滴功能的融合，形成了最终的多功能机器人。这个机器人不仅有他们个人对硬件技术的热爱，也有对"星火杯"感情上的回馈，更有一种西电人的精神在里面，厚德载物。

武佳明说："我和我的队友是从'星火杯'一路走来的，最开始也只是简简单单的流水灯，到现在可以制作出属于自己的多功能机器人。不过看到了很多面向市场的项目，对我们的冲击很大。我们以后再进行科技创造的时候，也会考虑市场需求，而不仅仅是一个孤零零的作品。"

似乎只要是西电人，都会有一段星火情，也会因为"星火杯"结缘一段深深的团队友情。"在整个参赛阶段，我们队友之间越来越默契，感情也是一点点地在加深，感谢这次活动，让我们有了一段美好的奋斗经历，结识了一个个很好的朋友。"队员苏成清说道。

武佳明和他的团队在科技路上的进步，少不了的是自己的兴趣，更有西电这个大环境的熏陶：可以激发大家找到自己的科技梦，让大家可以有梦想的展示平台，让大家可以得到相关的专业技术指导，作为西电人，我们没有理由不坚持。

故事来源：通信工程学院　武佳明、何华俊

38 Google 眼镜的复杂手术医疗辅助平台的产生

提起 Google 眼镜，大家都很熟悉，但是将其运用于复杂手术医疗辅助平台的案例还是鲜有的。西安电子科技大学生命科学技术学院的聂骥康、汪帝、王芮东成功将其运用到了复杂手术医疗辅助平台中。该系统可以实现手术中的即时通信功能，从而给手术中的医生提供多维的影像信息、详细的生理参数以及量化的决策方案，辅助医生工作，从而实现最佳的治疗效果，更好地挽救生命。

2015 年 12 月 13 日，在第二十七届"星火杯"公开答辩的现场，复杂手术医疗辅助平台让大家眼前一亮，同时也获得了在座评委的肯定。凭借严谨的态度、扎实的技术和创新的思维模式，聂骥康带领的团队在第二十七届"星火杯"大赛中获得校级特等奖。

作为一个以电子信息为专长的学校的学生是怎样产生这个想法的呢？这就要从聂骥康的专业说起了，他的团队均是生物医学专业的学生，该专业是以电子信息为基础，理工与医学交叉的一个综合性的学科。在这样的学科背景下，他们不断思考如何将自己的专业知识更好地应用于实际。

于是，他们找到国创的指导老师李军，在李军老师的帮助下，他们接触到一个广东省重大自然科学基金项目。通过深入了解，团队发现，项目的最后一部分在技术要求上并不是很难，并且该项目在结合社会实际的前提下，还具有一定的新颖性。全面认真思考之后，他们三人便开始着手准备这个项目。

技术大神往往都是由勤奋好学的"小白"演变而来的，他们也不例外。从开始的什么都不懂，到慢慢学会开发环境平台，并将其进行搭建；从对相关领域完全陌生，到能够熟练地运用相关技术，这期间李军老师给予了很大帮助，不仅定期召开组会检查项目进展情况，还会针对项目中出现的问题给出切实可行的建议方案。将近一年的沉淀，他们从生到熟，慢慢进入到该领域，并且脚踏实地地坚持做了下去。

系统开发的过程，也恰恰是一个学习的过程。他们一部分一部分地做，遇到语音部分不懂，就自己找资料学；硬件出了问题带来显示效果差的状况，团队就一起主攻硬件难题；各个模块做好后，怎样将零件组装起来又是一个新的问题，一点一点克服，一步一步攻关，最终圆满完成了项目。

故事来源：生命科学技术学院　聂骥康、汪帝、王芮东

39 感恩星火 只因有你

众所周知，癌症是不治之症，由于其类型多、发现困难，癌症的死亡率极高。但是，癌细胞Ⅰ期发现和Ⅱ期或者Ⅲ期发现，在存活率方面有天壤之别，以胃癌为例，其发病群体中总体的五年存活率只在35%～45%之间，但Ⅰ期胃癌的五年治愈率可达95%以上。可就现有情况来看，70%的胃癌患者被诊断出患病是在胃癌的Ⅱ期、Ⅲ期，说明早期肿瘤细胞检测手段还不够完备。于是宋明、刘罗文、蒋剑三人开始思考，寻找更有效的肿瘤细胞早期检测方法。

在谈到为什么做这个项目的时候，宋明说："灵感的来源是学习中不断的观察和知识的积累。从本科课程开始就是一种积累，老师上课时不仅仅讲课本上的东西，还会讲这些内容是怎么来的。同时在国际上，跟人体相关的工程学是热门专业，上课时，老师自然而然地还会提起一些比较热门的问题，比如磁共振、光学探针等。"

生物医学工程是一个多学科融合的专业，学习的知识比较多，不仅包括生物和医学的基础课程，还要学习电类基础、信号等课程。随着知识的积累和视野的开拓，大二下学期他们开始着手把先前的想法转换到实践中去。

国内治疗肿瘤的主流方法是探针通过特异性结合肿瘤细胞，利用光学检验荧光分子，根据荧光分子的分布来判断是否存在肿瘤细胞。但是一方面由于物体对光学信号阻挡作用比较大，光学检测不是很灵敏。如果肿瘤细胞比较少，检测到肿瘤细胞的可能性就会很小；另一方面，光学检验这种方法比较贵，不容易被人们接受。于是团队成员开始寻找能够在平时体检中运用并且能更早更灵敏地发现肿瘤细胞的方法。

项目的完成不是一蹴而就，其中也可谓困难重重。项目开始之前，宋明、刘罗文、蒋剑三人信心满满，但是到了亲自去做的时候，才发现并不简单，怎么开始、阅读什么文献等问题一个个出现在他们面前。于是他们从头开始学习，慢慢摸索。

除了知识方面的茫然，团队面临的最大难题就是技术性问题。虽然知识性问题已经掌握，各种参数名词也都了解，但实际操作起来他们仍然无从下手。宋明感慨道："纸上得来终觉浅，绝知此事要躬行。动手实践的过程比学习理论知识难得不只是一星半点。"

设备要使用的材料无法在市场上买到，三人决定亲自动手，项目成品上的每一个电阻都是他们亲手焊接的；每一部分做好后，组装起来能不能使用，又成为新的问题。逆水行舟不进则退，越到最后越关键也越困难，在所有部分拼起来之后发现整个系统不能用，他们只能耐心地拆开，一部分一部分进行检验测试，发现哪儿有问题就更换修理，每一部分至少检测了三遍。宋明回忆道："'星火杯'决赛答辩前一天，调试滑动变阻器时烧了一个，没办法，我们只能继续通宵留在实验室思考如何解决，还好最后成功找到解决办法。"

项目进行的过程中，任何一部分的失误都会导致失败，但是在团队成员的努力坚持下，他们成功了。宋明说："如果你够努力，运气自然就来了。要相信坚持一定有结果，如果没有结果那一定是还没到最后。答辩之前很辛苦，我们一共写了100页的材料。从想法到原理再到实现，每一步都是我们的成长，我们的努力。还好，结果没有让我们失望。"

千里马常有，而伯乐不常有。该项目从立项到现如今的顺利结题，离不开梁继民副院长在立项时对项目的定位，离不开他为团队联系实习基地，更离不开他提供的各项科研资源，正是梁老师一直以来的督促和指导成就了现在这个成熟的项目。宋明说："我们团队的项目能够拿到特等奖，一定要感谢我们的指导老师梁继民副院长。在我们项目的发展过程中，他扮演了一个非常重要的角色。可以说，如果没有他的无限支持和帮助，就没有我们这个项目。"

"梁老师在结题的时候帮助我们检测成品，指导设计，甚至包括最后答辩的细节。梁老师教给我们的不仅是知识，还有不放弃、不气馁的信念。"，团队成员蒋剑如是说。

"'星火杯'是我来大学之后一个非常棒的平台，同时该比赛体现了学校非常重视对学生科技创造能力的培养。通过亲自动手做，让学生感受到科研实践的氛围。我认为，'星火杯'不是要把所有人变成电子大师，而是给了学生创造更优秀的作品的灵感。"宋明这样说道。

因为"星火杯"，宋明、刘罗文、蒋剑结缘，在团队里他们做彼此的榜样。同时，该项目对三位团队成员来说是一个非常重要的实践经历，通过这个项目，他们真实地体验到做科学研究的过程，这也激发了他们学习的热情，磨炼了他们的意志。三人中，刘罗文和蒋剑分别被保送到北师大和电子所，宋明也在大三学院总评时排名第一。

"星火杯"对于他们来说可谓是一笔重要的人生财富，星星之火，可以燎原，"星火杯"点燃了他们对科技的热情，也照亮了他们的科创和职业道路。

故事来源：生命科学技术学院　宋明、刘罗文、蒋剑

40 动力，来源于对梦想的坚持

3D 打印技术进入人们的视线已多年，近年来更是大热大火，这一快速成型技术颠覆了传统的生产工艺，而且可以实现任何复杂形状的设计。但就是这样一项热门技术也难免有它的弊端，迫于 3D 打印机笨重的身形，人们拥有家庭版 3D 打印机的可能性微乎其微。"大多数打印机采用的结构大同小异，所以市面上已有的机型几乎都十分笨重"，项目负责人章自强说道。抱着弥补这一缺点的想法，章自强团队从可携带的角度出发，设计出了这一款结构简单的打印机，为 3D 打印走下"神坛"，走进人们的日常生活带来了希望。

"做一样东西首先要对其感兴趣才能专注，才能把事情做好"。在采访中，章自强毫不掩饰对 3D 打印的喜爱。对这项技术感兴趣的他找到了同样对此技术颇为好奇的李响、林先觉，制定了做一台便携打印机的计划。平日里时间紧张，没有足够时间制作，所以在很多人休闲玩乐的暑假里，三个人花了一个多月的时间在学校工训中心完成了这件作品，而他们整个假期在家的时间只有一周。假期里工训中心没有师傅加工，他们自己完成了所有型材的锯焊、钻孔工作。体力脑力的双重考验都不能阻拦三人奋发向前的脚步，兴趣显然是不可或缺的因素。

不同于我们对学霸的惯常认识，章自强并不常出入图书馆，实验室才是他度过课余时光的主要场所。因为忙于竞赛，他主要在宿舍完成作业与课内任务，图书馆对他来说只是借书的地方。

章自强的大一几乎都献给了学习基础课和参与社团活动，大一暑假在华为实习的经历更是让他受益匪浅。经过一年学习和活动的沉淀，在知识体系接近完备后，大二的章自强开始准备项目，甚至连暑假也没有放过。在这期间，他自学了很多课堂中没有的知识。在他看来，大三是选择将来道路的关键时间，故而在大一大二要多一些尝试才能够明确自己的能力与兴趣所在。

每个守在实验室里的日夜都不是轻松的，而章自强坚持了下来。他对时间的掌控能力令人惊讶，每天按时起床，虽然投身于竞赛，作业也都能按时完成，成绩却从不落下。他说支撑着他坚持奋斗的动力，来源于对出国留学的向往。尽管家人都希望他能顺利保研，自己也完全具有保研的实力，但是他仍然心系出国留学，想要在地球另一边的国度打磨充实自己，以便将来回国后有更强的本领可以报效祖国。有梦想的人最幸福，敢于打破常规追逐梦想的人最勇敢。现在的他每个周末都去市里学习法语，为梦想做着充分的准备。

大学是人生的重要阶段，确定奋斗目标和权衡学习与课外活动都不是易事。每位大神的背后都有一条艰辛的探索之路，然而成功不可复制，单纯的模仿不能铸就卓越，而只能成为三流的别人。

正如章自强所说，"机会来时不要担心自己的能力，大胆地报名尝试，慢慢能力就上来了。"每个人都要多一点尝试，找到一条适合自己的道路，并且持之以恒地走下去，才能成为理想中的自己。

故事来源：机电工程学院　章自强、李响、林先觉

41 执着梦想，痴迷科技

提起机器人，我们都不会陌生，"终结者""擎天柱""深蓝"等都是我们耳熟能详的。20世纪60年代，随着微电子学和计算机技术的迅速发展以及自动化技术的渐趋成熟，机器人被科技人员成功研发了出来。现如今，机器人被广泛运用到工业制造行业当中，能够高强度、持久地在各种生产环境中从事单调重复甚至危险的劳动，使人类从繁重的体力劳动中解放出来。

2015年12月13日，第十七届"星火杯"公开答辩的现场，一个灵气十足的机器人跟随人做出了同样的动作，它吸引了现场所有人的目光，同时也获得了在座评委的一致肯定。凭借扎实的技术功底以及创新的思维，范越带领的团队在第二十七届"星火杯"大赛中获得了校级特等奖的好成绩。

大二下学期，邓军老师向范越提出建议，可以利用实验室在做毕业设计时买入的未使用的设备开发出一个迎宾机器人。这一建议与范越之前想再次参加"星火杯"的想法不谋而合，就这样他开始着手准备第三次参加"星火杯"比赛。

同时，范越找到了曾经合作过多次的王浩然同学。尽管当时王浩然在闪电孵化器还担任了一部分工作，但还是毅然决定和范越一起备战"星火杯"。从准备到参赛，差不多大半年的时间，追求卓越的信念让他们一直坚持着。也许正是因为当初的执着造就了他们今日在"星火杯"比赛中的卓越。

其实范越在第二十六届"星火杯"比赛中已经取得了校一等奖的好成绩，同时在其他各种各样的更高级别的比赛中已经锋芒毕露，为什么还要再次参加"星火杯"呢？"尽管之前已经参加过两次'星火杯'，取得的成绩也一次比一次好，但是依旧觉得自己的星火杯之路还不够圆满。"范越这样说道。

项目的完成不可能一蹴而就，从最开始的idea到设计、组装、算法，再到一次一次的调试，逐步实现系统的架构，项目的完成是一个漫长的过程。范越带领自己的团队克服种种困难，在目标和信念的支持下最终完成了人体动作跟踪模仿机器人的开发。

故事来源：电子工程学院　范越、王浩然

42 "称心如意"——自助果蔬结算秤

近几年，"无人超市"这一词汇频繁出现在人们的视野中。2017年在杭州的街头，马云的第一家无人超市正式开业，拉开了无人超市发展的序幕——没有收银员，结账不用排队，24小时售货……无数颠覆式的字眼映入眼帘。假以时日，无人超市或许真的可以取代传统超市。以智能化电子秤来代替售货员做单一重复的工作便是无人超市中最重要的一环。依此，刘昭辛和他的"万有引力"团队结合当下最火的人工智能，带来了一套集称重、识别、计量、结算为一体的多功能自助果蔬结算系统。

2017年12月13日，在西安电子科技大学第二十九届"星火杯"公开答辩的现场，刘昭辛及其团队带来了自助果蔬结算系统，凭借扎实的技术、严谨的态度以及各种商业化的考量，赢得了在场评委们的一致好评，并最终取得了特等奖的好成绩。

刘昭辛作为一个电子信息专业、主研电磁场微波方向的学生，是如何想到利用算法识别来构建这样一个系统的呢？创造源于生活，在最初团队只有三个成员时，其中一个成员的家长在超市做称重生鲜的工作，她无意间向自己的孩子提起了称重工作的麻烦，于是"万有引力"团队便产生了利用现有技术做一个智能电子秤来代替人力工作的念头。而作为"万有引力"团队的队长，也是整个项目中的算法设计师，刘昭辛极大地表现出自己对于人工智能的热爱和关注，于是他带领团队成员展开了探索与研究。

敢想敢做，说干就干，有了想法的他们便充满干劲地开始了工作。在团队成员的默契协作下，第一代作品完成得很轻松。但是图像识别成功率却只能达到67%，这和团队成员的预期以及市场所能接受的范围并不相符。一个人要想爬得更高，就意味着他要比寻常人要多流汗、多做事、多努力，"万有引力"团队就很好地诠释了这一点。在与团队指导老师石光明教授的不断交流中，他们发现目前所使用的CV算法并不能很好地解决图像识别问题，现在业界普遍使用深度学习解决这一问题。团队最终决定采用人工智能中最热门的深度学习技术对第一代作品进行升级改造。但是改造的过程并不是一帆风顺的，由于理论基础和实践经验的缺乏，他们很难驾驭这一前沿理论。石老师便悉心指导他们学习理论知识，并且在技术方案、产品规划等关键环节给予了重要帮助。替换了传统CV算法后，系统在图像识别领域的成功率被提高到了99.95%。于是有了"万有引力"的新一代自助果蔬结算系统，一个在硬件结构、商业脉络都被探索得极其深刻，稳定性达到一个新高度的人工智能产品。

回想走来的这一路，困难也曾像小山一样横亘在"万有引力"团队的必经之路上——由于电脑系统不支持算法版本，刘昭辛牺牲了自己寒假的休息时间去高中辅导班修改代码，"当时快过年了，高中生都走了，我还在那里写代码，还是蛮辛苦的，即使你听到外面的鞭炮声你还得写代码，到最后空调都没有了，还得写代码，但那段时间收获还蛮大的。"刘昭辛如是说。面对困难，他们选择迎难而上，从未曾想过放弃，只因为他们喜欢，于是困难成为了一个个难得的交流学习的机会。"能有这样的机会其实很荣幸，能够和大佬们交流学习算法，得到石老师给我们的一些建设性的意见，真的感到很荣幸"。

从一个简单的学生作品到一个不简单的具有商业模式、运营思维、独特市场角色的产品，自助果蔬结算系统历经搭建电路、搭建芯片的量产化工作，在技术上取得了极大的突破，整个系统的稳定性和准确率都得到了质变。

漫天繁星同样点缀黑夜，为何只撷其中一颗？按照刘昭辛自己的话来讲，一方面是因为他们的作品相较于其他作品而言关注了应用场景；另一方面则是因为作品本身的稳定性极好，对外展示中从未出现差错。

谈起第二十八届"星火杯"获得一等奖的情形，刘昭辛多了一分释然："刚开始有想法之后，大家只是自己做自己的，有点懈怠。一直到"星火杯"提交作品的前一天晚上我们都还没有做完，可是一聚到一起，我们竟然通宵把作品做完了。我睡了两个小时，负责组装的队员程宇恒一夜没睡，第二天接着去答辩。当时我觉得老师可能也就是鼓励一下我们吧，给了我们一个校级一等奖。"那是他们第一次参赛的仓促作品，非常不成熟，经过一年的重新探索，他们创造出了更高档次的作品，获得了今天的优秀成绩。

故事来源：电子工程学院　刘昭辛

43 一段经历成就一个企业老总

西安旌旗电子有限公司是一家年产值 1 亿多元人民币，集研发、生产、销售、服务为一体，在智能水电表类企业中综合实力进入全国 10 强、IC 卡电表销量全国第一的大型企业。

这家公司的董事长兼总经理张化冰是西安电子科技大学机电工程学院 1988 级学生。正是他，带领着公司从最初的五六个人、16.8 万元的注册资金、以自主研发的"微电脑电话管理器"起家，经过 12 年的打拼发展到了现有的规模。而这一切，还得从张化冰的学生时代讲起。

大学期间，张化冰担任过学生科协的负责人，是一名电子线路设计制作的高手，并在"星火杯"中屡屡获奖，他创业时起家的产品"微电脑电话管理器"就是他大学时代的作品之一。毕业时，张化冰进入了一家大型国企，但在两年后，他毅然放弃了铁饭碗，与几个上大学时一起参加科技活动的同学注册了自己的公司，从此走上了创业道路。

"大学那段参加学生科技活动的经历对于今天的我有非常大的影响"张化冰说，"在科协组织科技活动，锻炼了我的组织、管理能力，而参加'星火杯'，提高了我的实际动手能力。更为重要的是，'星火杯'大赛还激发了我对科学的无限热爱，对创新的不懈追求，对实现自身价值的巨大渴望！"

故事来源：机电工程学院　张化冰

44 最年轻的实验室"总工程师"

出生于1983年11月的研三学生谢楷,可以算是一个比较有特色的"星火人"。

22岁的他虽然还是一名大学生,但在实验室里更多是以一个指导老师的身份出现的,用他的硕士导师赵建教授的话说:"别看谢楷年龄小,但他动手能力强,已有多年负责科研项目的经验,实际上他已经成为这个实验室的'总工程师'了!"

1999年,刚刚进入大学校门的谢楷就对科研工作表现出了浓厚的兴趣和超常的天赋,甚至发展到了对任何电子产品都必须拆开来搞清楚才肯罢休的地步。

学校一年一度的"星火杯"给了他一个施展拳脚、小试身手的舞台,大一时,他就参加课外科技学术活动,并在"星火杯"竞赛中获得多个奖项。到了高年级时,他结合自己的专业理论知识和参与课外科技学术活动的经验,开始为低年级同学举办电子设计讲座,辅导别人设计作品,参加"星火杯"竞赛。

大学毕业时,他被保送攻读硕士研究生。在研究生学习期间,除了继续辅导低年级大学生参加"星火杯"这样的普及性科技活动外,他还辅导学生参加"挑战杯"、电子设计竞赛这样的高水平全国性赛事。在第九届"挑战杯"上,他参与辅导的两个参赛队分别获得特等奖和一等奖;他辅导的学生在电子设计竞赛中也取得过一等奖的好成绩。

故事来源:机电工程学院 谢楷

45 10元钱奖励引发的网络讨论

第16届"星火杯"结束后不久，在校园BBS上，一个小小的帖子引发了一场激烈的讨论。

事情是这样的，一名获得"星火杯"三等奖的同学，在谈到自己作品的制作成本时抱怨说："我这作品光材料费就花了数百元，没想到才奖励10元钱，真是郁闷！"

没想到，这句牢骚话却一石激起千层浪，跟帖一个接着一个，帖子迅速被挤上当天的10大热门，而对这名同学的言论，赞同者甚少，讨伐声一片。

"参赛是为了钱吗？如果为了钱，你干脆打工去得了，给人家装台电脑挣的钱也比这多！"

"有什么好郁闷的？你要知道，参加比赛不仅能够把学到的理论知识转化为实际能力，同时还能结识很多无私奉献的老师和志同道合的朋友，这些难道比10元钱少吗？"

"奖金虽重要，荣誉价更高，有些事不一定非要向'钱'看！"

"10元钱奖励的确很少，可三等奖意义却很重要，同学你应该学会珍惜！"

……

在西安电子科技大学，许多学生都把是否参加过"星火杯"作为检验自己大学生涯是否完整的标准，甚至喊出了"不参加'星火杯'，愧为西电人"的口号。

故事来源：电子工程学院

46 本科生参与教师课题研究

　　一款大气传输特性分析软件深受研究人员的欢迎，可遗憾的是，它只能够在 DOS 环境下运行，而且开发这款软件的公司已停止更新，因此，对于已经习惯在 Windows 环境下工作的人来说，这款软件的使用显得非常不方便。

　　在这种情况下，西安电子科技大学技术物理学院红外教研室的黄曦老师指导四名本科生，在认真分析原软件的基础上，解构了这款软件，从基本程序写起，将这款软件扩展到了 Windows 环境，方便了教研室研究人员的使用。

　　其实，像这样本科生在教师的指导下参与课题研究的例子在红外教研室还有很多。早在 1989 年，博士生导师、学科带头人张建奇教授就开始关注"星火杯"，把那些爱好科研开发、兴趣浓厚、有一定基础的同学选拔到教研室来，让他们加入老师的课题组。据统计，目前在这个教研室的在研课题中，本科生的比例超过了 50%。张建奇教授说："当年，本科生参与课题研究是教师的思路，如今，推动这项工作前进的已经变成了学生！"

　　多年来，红外教研室培养出了一大批优秀的学生。他们中的佼佼者有目前已被破格评为教授的年轻教师邵晓鹏，有参加第 20 次南极科学考察的何国经博士，有带领学生参与挑战杯、电子设计大赛等夺得大奖的青年指导教师袁胜春……

故事来源：物理与光电工程学院

47 突破常规设计思路的时间密码锁

在第十七届"星火杯"参赛现场，来自通信工程学院信息安全专业大四的唐杰等三位同学，结合自己所学知识研究设计的作品《时间密码锁》一经亮相，便让所有在场的评委和同学眼前一亮。

原来，这件作品突破了传统的密码设置模式，采用了新的理念，将密码设置的核心与时间挂钩，仅仅用了两个输入按钮，便让设计出的密码锁安全性能显著提高，破解难度大大增强。而从创意构思、电路设计，到模拟仿真、制板焊装等，制作小组均亲力亲为，更为重要的是，产品的整个设计过程是在没有任何可供参考资料的情况下进行的！

时间密码锁不但安全强度大，性价比高，而且容易扩展。在允许的时间间隙内还可随意按键，混淆他人视线，使人无法得知正确的密码输入方法，如果将其应用于 ATM 提款机，可较好地防止旁人偷看。同时，从理论上讲，由于穷搜索的难度非常大，时间密码锁还适用于国防和高级商业保密的场景需要，可以应用于通信网络的保密协议等。

当然，评委同时也指出了该作品设计中存在的不足。但是作为大四本科生，能够创新思维方式，设计制作出这样一个突破常规的作品，已非常难得，该作品最终被评为一等奖作品。

故事来源：通信工程学院　唐杰

48 赵建教授和大学生课外学术科技创新基地

用橘子提供电源的电子表、自己寻找轨迹运动的小车、会投篮的机器人……2005 级新生开学时,西安电子科技大学大学生课外学术科技创新基地——智能化仪器仪表及测控技术实践中心举办的教学实践成果展吸引了大批家长和新生前来参观。这个开放式的课外学术科技创新基地成立于 2001 年 5 月,可同时容纳 100 多人进行课外科技实践活动。

创新基地每学年都会通过自主报名、教师推荐、学生科协推荐等途径招收新学生。2005 年,招新的消息一经传开,很快有来自校内不同学院的 200 余名新生报名,场面异常火爆。截至目前,基地已先后接待了 7 届测控技术与仪器、自动化、机械制造及自动化、工业设计等专业的学生前来学习和实践。

赵建教授就是这个创新基地的主任。多年来,在做好教学科研工作的同时,他一直热心于指导大学生课外科技活动的普及、深化和提高。如今,他已经连续 7 年担任"星火杯"评委,指导本科生参加过四届全国"挑战杯",以及多届电子设计竞赛、机器人竞赛等。在 2005 年的"挑战杯"大赛上,赵建教授辅导的参赛队拿到了数个特等和一等的奖项,而且他本人还被授予了优秀指导教师称号。赵建教授不但自己在第一线指导学生,而且还动员了八九位教师投身其中,逐步形成了一支以老带新的指导教师队伍。

在谈及自己长期指导学生课外学术科技活动的感受时,赵建教授谦逊地说,与物理实验中心的张昌民副教授相比,自己还存在很大的差距。

故事来源:机电工程学院

49　凭着一块电路板找到工作

1997 级机电工程学院测控技术与仪器专业的刘居名虽然课业成绩一般，但是他对电子设计特别感兴趣，尤其值得一提的是，他对电路细节的钻研深度到了让老师都不得不佩服的地步。

大四找工作的时候，刘居名特别想去国内著名 IT 企业中兴通讯，可遗憾的是，中兴通讯当时只想招聘通信专业的学生，所以，学测控的刘居名投递的简历如同泥牛入海，他连面试的机会都没有得到。

面试都去不了，这可怎么办呀？心急如焚的刘居名找到了曾经辅导过自己的老师，他希望老师能够向公司推荐自己。可是老师并没有这样做，而是告诉他，凭他这样的条件，要去中兴其实并没有想象的那么难，只要带上自己的一件作品找到对方，向人家介绍清楚就可以了。

将信将疑地，刘居名拿出了自己"星火杯"一等奖作品"单片机教学实验系统"的电路板找到了中兴的人事经理，向对方说明来意后，他开始介绍自己的作品是如何构思、制作，有什么功能等。

这时候，事情发生了戏剧性的转折，人事经理一下子就被这个把电路细节了解得如此透彻的学生吸引了，当即拍板录用了他！如今，刘居名已经成长为公司的一名部门经理。

故事来源： 机电工程学院　刘居名

50 一个摔碎的特等奖奖杯

在第十六届"星火杯"颁奖典礼上，出现了让人特别感动的一幕。

颁奖典礼后台，10 名礼仪同学托着 10 个特等奖奖杯整齐站成一排，忽然，一名礼仪同学不慎失手将手中的奖杯摔碎了。原本奖杯摔碎也不是什么大事，毕竟也并不是十分贵重的东西，可颁奖仪式马上开始了，突然发生这样的事情着实让工作人员犯难了起来。原来，奖杯只有 10 个，没有多余的，现在摔碎了 1 个，再去定做肯定是来不及了，这样一来，颁奖时必然有一名获奖者无法登台领奖。

颁奖典礼即将开始，来不及做出解释，负责颁奖的老师只好随机选定微电子学院微电子专业特等奖获得者 2020 级学生庞则桂，让他不要上台领奖。

颁奖典礼结束后，老师找到了庞则桂，向他解释原因，准备再重新定做一个新的奖杯补发给他时，庞则桂却说了令人无法忘记的一番话："我是流着泪看完颁奖典礼的，确实非常羡慕那些能够上台领奖的同学。这样的事情，事出有因，我完全理解，只不过我现在已经大四，毕业后即将走上工作岗位，再也没有机会参加'星火杯'了。今天，没能站在颁奖台上举起闪亮的特等奖奖杯，只能成为我大学生涯中最美丽的遗憾了！"

故事来源：微电子学院　庞则桂

第三部分

星火园丁

第二十一届星火园丁——赵建

学院：机电工程学院。

个人简介：赵建，1956 年生，陕西西安人，教授，1982 年 1 月毕业于西北电讯工程学院计算机工程专业。曾任机电工程学院测控工程与仪器系主任，测控技术与仪器教研中心主任，校级学术带头人，教育部仪器仪表学科教学指导委员会委员，校非计算机专业指导委员会委员，中国机械工业教育协会专业教学学科委员会委员，测控信息技术规划教材编审委员会委员，中国测量控制与仪器仪表工程师资格认证教材编审及考试委员会委员。主要科研方向为嵌入式系统技术、工业自动化仪表技术、智能仪器技术等，指导硕士研究生学科为测试计量技术与仪器、检测技术及自动化装置。

"星火杯"寄语：星火传薪，继往开来。精神传承，勇攀高峰。祝"星火杯"课外学术科技作品大赛越办越好！

第二十一届星火园丁——张昌民

学院：理学院。

个人简介：张昌民，1954 年生，陕西西安人，副教授，1976 年 8 月毕业于西北电讯工程学院，应用化学硕士生导师。主要从事本科生、硕士研究生教学和科研工作。

主要研究方向为传感器材料与应用、智能仪器与机电一体化技术、微弱信号检测、数字信号分析与处理、电化学与化学量智能检测。

"星火杯"寄语：人生需要亮剑，一往无前；人生需要拼搏，愈挫愈勇；人生需要闯劲，敢于虎斗；人生需要大气，俯视群山。

第二十一届星火园丁——赵文平

学院：经济与管理学院。

个人简介：赵文平，1963 年生，陕西西安人，教授，硕士生导师，校级教学名师，院长助理。主要研究方向为组织理论与创新、科研管理、先进制造模式下的企业管理。

"星火杯"寄语：成功总是给予那些抓住机会并付诸努力的人们！年轻的血液、蓬勃的朝气、向上的精神、迸发的激情，勇气与智慧并重的当代大学生们，请在创新的舞台上展示自己、挑战自己、成就梦想！

第二十二届星火园丁——夏永林

学院：马克思主义学院。

个人简介：夏永林，1963 年生，陕西西安人，教授。1986 年本科毕业于陕西师范大学政治经济学院，2002 年硕士毕业于西安交通大学人文学院，现就职于西安电子科技大学马克思主义学院。主要研究方向为高新技术企业市场营销、客户关系管理研究、商业模式创新研究、大学生模拟创业研究、大学生思想政治教育。

"星火杯"寄语：同学们好！"星火杯"大学生课外科技活动是我校的品牌活动，三十多年来，坚持理论与实践、知与行的有机统一，是大学生成才、成功的有力助手和广阔的平台。希望同学们把握机会、积极参与，在老师的精心指导下，让自己有所收获，取得好的成绩，助力自己成长！

第二十二届星火园丁——刘毅

学院：通信工程学院。

个人简介：刘毅，1978 年生，黑龙江省双鸭山市人，教授。IEEE 高级会员，中国通信学会高级会员，中国电子学会高级会员，HJ 装备部专家，中国瞭望智库专家。2002 年获大连交通大学通信工程专业学士学位；2005 年 3 月获西安电子科技大学通信与信息系统学科硕士学位；2007 年 12 月获西安电子科技大学通信与信息系统学科博士学位。自 2008 年 1 月开始，在西安电子科技大学 ISN 国家重点实验室工作，从事宽带无线移动通信的教学和科研工作。2011 年 3 月至 2012 年 2 月，在美国特拉华大学电子与计算机工程系做访问学者。2015 年 7 月晋升教授职称，同年获博士生导师资格。主要研究方向为 5G 通信信号处理、新体制无线通信、海洋电子通信技术。

"星火杯"寄语：汇今日点滴星火，成明天民族基石

第二十二届星火园丁——尹伟谊

学院：通信工程学院。

个人简介：尹伟谊，1956 年生，陕西西安人，高级工程师。曾任综合业务网(ISN)国家重点实验室行政副主任。1983 年留校任教，1992 年调入(西安电子科技大学)综合业务网理论及关键技术国家重点实验室。1994 年起兼任实验室学术秘书，长期协助实验室主任管理实验室的日常科研、学术交流及开放课题等工作。2000 年原实验室行政副主任退休后，代管实验室日常的事务性管理工作。2003 年 11 月正式任命为实验室专职副主任。

"星火杯"寄语：山外真的有山，要想知道他山之高、之险、之美、之妙，就要奋力往上攀。我大概是 2002 年参加的"星火杯"，参加了大概十年。只要作品的立意是好的，那就很好。有了好的想法，再逐步用技术去实现，这就是很好的创新。

第二十三届星火园丁——付少锋

学院：计算机科学与技术学院。

个人简介：付少锋，1975 年生，陕西西安人，副教授。1998 年至今就职于西安电子科技大学计算机学院。主要研究方向为计算机外部设备和嵌入式系统。

"星火杯"寄语："星火杯"的规模由最初的几百人，到如今上千甚至一两千人参加，"星火杯"的发展很快。同时含金量、技术难度也有所增加，大学生参与科技创新活动具有优势，他们年轻有活力，能力会得到很好的锻炼。

第二十三届星火园丁——董维科

学院：物理与光电工程学院。

个人简介：董维科，1973 年生，陕西西安人，副教授。1997 年本科毕业于西安电子科技大学，获电子材料与元器件专业工学学士学位；2003 年硕士毕业于西安电子科技大学，获物理电子学工学硕士学位；2013 年博士毕业于西安电子科技大学，获物理电子学工学博士学位。2003 年留校工作。2009 年评为副教授。2013 年评为硕士生导师。1997 年至 2000 年就职于西安大唐电信股份有限公司。主要研究方向为计算机视觉、硬件加速、可重构计算实时图像处理、光电成像系统实时仿真自动目标识别、机器学习。

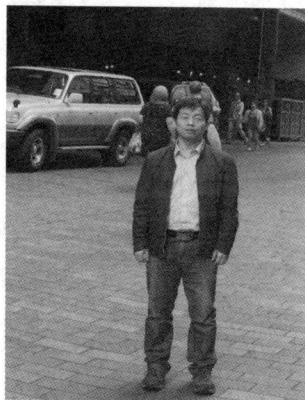

"星火杯"寄语：你们在比赛中挥洒了求知的热情，展示了聪明的才智，你们用自己的双手实践着创新的火花，你们用青春的活力谱写了星火史上一个又一个的传奇。

第二十三届星火园丁——王益锋

学院：经济与管理学院。

个人简介：王益锋，1964 年生，新疆人。西安电子科技大学经济管理学院教授，博士，副院长，曾任院长助理兼工商管理系主任，企业管理硕士生导师；中国市场学会理事，中国管理学会市场营销专业委员会委员；企业管理与企业发展咨询顾问。1987 年南京农业大学经济管理专业本科毕业，获管理学学士学位；1997 年石河子大学企业管理硕士毕业，获管理学硕士学位；2010 年西北农林科技大学经济管理学院博士毕业，获管理学博士学位。主要研究方向为企业战略与营销管理、项目管理。

"星火杯"寄语：你是泊于青春港口的一叶小舟，愿你扬起信念的风帆，载着希望的种子，驶向辽阔的海洋。

第二十六届星火园丁——王林雪

学院：经济与管理学院。

个人简介：王林雪，1965 年生，陕西西安人，教授。1985 年 7 月本科毕业于山东大学，分配到西安电子科技大学工作至今。1990 年 9 月——1991年 7 月在西北大学经济管理学院研究生班进修学习，2002 年 4 月硕士毕业于西北工业大学，2005年晋升为教授；技术经济及管理学科硕士生导师、行政管理学科硕士生导师。主要研究方向为组织与人力资源管理研究、技术商业化能力与新商业模式研究、创新创业管理与企业成长研究、大学生创业教育研究。

"星火杯"寄语：从古到今，凡成才者，无不付出艰辛的努力，头悬梁，锥刺股的求学精神，仍需我们代代相传。

第二十六届星火园丁——蔡觉平

学院：微电子学院。

个人简介：蔡觉平，1976 年生，陕西西安人，教授。1998 年和 2001 年在西安电子科技大学，分别获得通信工程专业工学学士学位和通信与信息系统专业工学硕士学位，2004 年在上海交通大学获得通信与信息系统专业博士学位。2004 年 1 月～2005 年 11 月，在 STMicroelectronics 公司北京研发中心任高级研究员。2005 年 11 月进入西安电子科技大学从事大规模集成电路研究工作。主要研究方向为纳米级大规模 SoC 设计、通信网络设计、MPSoCs 芯片设计和低功耗设计等。

"星火杯"寄语：尽管在我们前进的路上，荆棘丛生，坎坷不平，但我们只有一个心愿，那就是咬紧牙关，奋勇向前。

第二十六届星火园丁——王新怀

学院：电子工程学院。

个人简介：王新怀，1982 年生，江苏连云港人，教授。分别于 2004 年和 2010 年获得西安电子科技大学学士和博士学位。现任电院电信工程系副主任、国家级电工电子示范中心副主任、天线与微波国家重点实验室骨干教师、电磁场与微波技术实验教学省级示范中心副主任、陕西省电源学会副理事长、中国电子学会高级会员、IEEE Member、校聘全国电赛教练专家组组长。主要研究方向为微波毫米波电路与系统设计、智能天线与天线组阵技术研究、基于 FPGA&DSP 的实时信号处理系统设计。

"星火杯"寄语：生活是一本精深的书，别人的注释代替不了自己的理解，愿你们有所发现，有所创造。

第二十七届星火园丁——裴庆祺

学院：通信工程学院。

个人简介：裴庆祺，1975 年生，陕西西安人，教授。2008 年博士毕业于西安电子科技大学。现为 IEEE 高级会员，ACM 会员，中国电子学会高级会员，中国计算机学会高级会员，中国通信学会高级会员，中国自动化学会高级会员，中国计算机学会服务计算专业委员会委员，网络与数据通信专业委员会委员，区块链专业委员会委员；中国自动化学会边缘计算专业委员会委员。主要研究方向为认知网络、物联网与边缘计算安全、无线网络物理层安全、信任管理机制、分布式协同攻防技术、区块链技术。

"星火杯"寄语：大学生创新创业要应势而为，应兴趣驱动之势、市场需求之势、国家战略之势！祝愿"星火杯"大赛越办越好！

第二十七届星火园丁——周佳社

学院：电子工程学院。

个人简介：周佳社，1961 年生，陕西西安人，教授。2006 年硕士毕业于西安电子科技大学。国家级电工电子实验中心主任，国家级电子信息与通信工程虚拟仿真中心副主任，电子工程学院实验中心主任，校教指委委员，电子工程学院党委委员。校电子设计竞赛组委会主任，校电子设计竞赛教练组副组长。主要研究方向为智能电子系统设计、嵌入式系统设计。

"星火杯"寄语：以全身心的努力去拼搏，以最顽强的信心去争取，以最平常的心理去对待。

第二十七届星火园丁——林晓春

学院：物理与光电工程学院。

个人简介：林晓春，1963 年生，陕西西安人，副教授。西安电子科技大学技术物理学院 503 教研室教师。1986 年本科毕业于合肥工业大学。主要研究方向为光电检测与控制、数字图像处理。

"星火杯"寄语："星星之火可以燎原"，同学们，你们在"星火杯"竞赛中善于动脑，敢于求新，在创新实践中提高了自己的综合能力，相信在你们的传承下，星火精神将永远流传。

第二十八届星火园丁——宫锦文

学院：通信工程学院。

个人简介：宫锦文，1954 年生，陕西西安人，高级工程师。1977 年毕业于西安电子科技大学，留校任教，教育部高职高专通信类专业教学指导委员会委员，通信工程专业实验室主任。

"星火杯"寄语：希望同学们把"星火杯"当成锻炼自己技能的一个起点，勇于挑战自我，勇攀技术高峰，凝聚智慧，创造佳绩，在"星火杯"这一赛事中，取得优异成绩。

第二十八届星火园丁——赵元哲

学院：计算机科学与技术学院。

个人简介：赵元哲，1961 年生，陕西西安人，高级工程师。1981 年大学专科毕业于西北电讯工程学院。

"星火杯"寄语：第四届"星火杯"时，我开始参加，印象比较深的是两千零几年的时候有两个学生做了一个仿 Visual 的软件。星星之火，可能指的就是我们培养学生的过程中，从基本的动手能力和基础知识的获取，做到薪火相传。

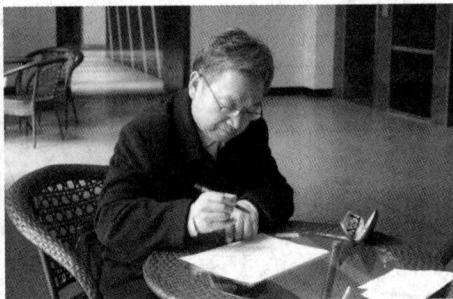

第二十八届星火园丁——杨振江

学院：机电工程学院。

个人简介：杨振江，1959 年生，陕西西安人，教授。1981 年毕业于西北电讯工程学院。留校 30 余年，先后有十几项科研成果获国家省部级奖励。著有《智能仪器设计》《新型集成电路应用》《单片机原理与实践指导》《ARM 处理器编程技术》等多部著作，并公开发表论文 20 余篇。先后主讲了"模拟电子技术基础""单片机原理与应用""电工基础""机电一体化微机开发"等多门课程，多次获得"西安电子科技大学先进工作者"称号。主要从事智能仪器设计制造、机电一体化产品开发方面科研和教学工作。

"星火杯"寄语：在第三十届"星火杯"之际，我希望西电的学子们继续发扬我校的光荣传统，把"'星火杯'电子设计竞赛"这一具有西电特色的竞技活动发挥得更有创造性，为国家的人才建设作出新的贡献！

第二十九届星火园丁——刘乃安

学院：通信工程学院。

个人简介：刘乃安，1966 年生，河南洛阳人，教授。1988 年毕业于大连理工大学电子工程系，获工学学士学位；1991 年毕业于西安电子科技大学，获工学硕士学位。1991 年毕业后留校，1994 年至 1999 年任讲师，1999 年至 2006 年任副教授。曾任西安电子科技大学通信与信息工程专业实验教学中心主任、硕士研究生导师，移动计算网络组组长。主要研究方向为无线通信与射频电路、宽带无线 IP 网络与技术、扩展频谱通信与通信对抗。

"星火杯"寄语：永远保持一颗对科学技术的好奇与探索之心，学会利用"星火杯"这样的良好平台为自己的未来提质赋能。预祝本届"星火杯"取得圆满成功，未来可期！

第二十九届星火园丁——袁晓光

学院：电子工程学院。

个人简介：袁晓光，1982 年生，山西太原人，副教授。现为西安电子科技大学电子工程学院物联网信息技术研究中心教师。分别于 2004 年、2010 年从西安电子科技大学获得探测制导与控制技术专业学士、电路与系统专业博士学位。2010 年于西安电子科技大学担任讲师工作，2016 年 07 月晋升副教授，2017 年 12 月被遴选为硕士生指导教师。主要研究方向为雷达信号处理、高速信号采集与回放。

"星火杯"寄语：人不立志，行动就无方向；确立志向，就是定位人生；为志向而奋斗就是充实人生；实现志向，就是升华人生。

第二十九届星火园丁——李军

学院：电子工程学院。

个人简介：李军，1972 年生，陕西咸阳人，教授，博士生导师。IEEE 会员，2013 年雷达系统国际会议(Adelaide，Australia)技术程序委员会成员，2012 年雷达系统国际会议(Glasgow，UK)技术委员会成员、分会主席，2011 年中国电子学会国际雷达会议分会主席。1994 年获得电子科技大学学士学位，2002 年获得桂林电子科技大学硕士学位，2005 年获得西安电子科技大学博士学位，2007 年于西安电子科技大学电子工程学院担任讲师工作，2007 年 7 月晋升副教授，2016 年 7 月遴选为博士生导师并晋升教授。主要研究方向为阵列信号处理，空时自适应处理，多通道雷达信号处理。

"星火杯"寄语：其实成功的大门是虚掩的，只要我们勇敢地去叩开大门，大胆地走进去，呈现在我们面前的是崭新的天地。

第二十九届星火园丁——孙伟

学院：空间科学与技术学院。

个人简介：孙伟，1980 年生，安徽人，教授，博士生导师。省级嵌入式系统实验教学示范中心及西电-大疆创新实验基地负责人。IEEE 会员，SPI 会员。分别于 2002、2005、2009 年获得西安电子科技大学学士、硕士及博士学位。2012 年晋升副教授及硕士生导师，2017 年遴选为博士生导师并晋升教授。主要研究方向为无人机集群控制及高性能视觉信息计算。

"星火杯"寄语：不仅要"想出来"，更要能"做出来"！创新一小步，时代大跨越！

第三十一届星火园丁——胡波

学院：生命科学技术学院。

个人简介：胡波，1980 年生，北京人，教授，博士生导师。国家重点研发计划评审专家，中国高校创新创业教育研究中心专家库第一批入库专家，教育部学位与研究生教育发展中心博士学位论文通讯组评审专家，陕西省科技厅评审专家，陕西省科技奖励评审专家，中国生物医学工程学会会员，中国微米纳米技术学会会员，中国化学学会会员，中国生物物理学会会员，高级技术经理人。分别于 2002、2005 年获得合肥工业大学学士及硕士学位。2008 年在中国科学技术大学获得博士学位。主要研究方向为智能医学及其在生物医学工程领域的应用。

"星火杯"寄语：葆有一颗好奇心，去探索问题、解决问题，用创新科技做些改变世界的事情。

第三十一届星火园丁——张文博

学院：电子工程学院。

个人简介：张文博，1985 年生，陕西西安人，副教授。分别于 2005 年、2009 年、2014 年在西安电子科技大学获得学士、硕士、博士学位。主要研究方向为机器学习、计算机视觉、雷达辐射源识别。

"星火杯"寄语：一年一度的"星火杯"再次到来，祝参赛的小伙伴儿们在参与的过程中能收获创新思维与动手实践的能力，更能收获永不言弃的执着与并肩作战的友谊。我们相信，星火之光，终将闪耀未来。

第三十一届星火园丁——吴家骥

学院：电子工程学院。

个人简介：吴家骥，1973 年生，陕西西安人，教授，博士生导师。2005 年博士毕业于西安电子科技大学通信工程学院，曾在邮电部第十研究所担任技术骨干，在华为公司担任工程师，2007 年入职西安电子科技大学。课程教学方向为数字图像处理、C 语言程序设计、智能多媒体、科技论文写作。

"星火杯"寄语：让"星火杯"点燃同学们心中的创新之火，照亮前行中的创新之路。

第三十一届星火园丁——杨如森

学院：先进材料与纳米科技学院。

个人简介：杨如森，1975 年生，教授，博士生导师。分别于 1998 年、2001 年在吉林大学获得物理专业学士学位和凝聚态物理硕士学位。2007 年在美国佐治亚理工学院获得材料科学与工程博士学位；从事博士后研究 3 年后，2010 年任美国明尼苏达大学机械工程学院助理教授。主要研究方向：智能生物材料的合成与表征、纳米发电机的设计与制备、先进传感器、纳米材料与先进制造技术。

"星火杯"寄语：同学们，学以致用，知行合一。希望同学们在书本课堂中打好基础，在创新创业中增长才干。

第三十一届星火园丁——焦李成

学院：人工智能学院。

个人简介：焦李成，1959 年生，陕西白水人，教授，博士生导师。1990 年博士毕业于西安交通大学。现任西安电子科技大学计算机科学与技术学部主任、智能感知与图像理解教育部重点实验室主任、智能感知与计算国际联合研究中心主任、智能感知与计算国际合作联合实验室主任、教育部科技委学部委员、中国人工智能学会副理事长、IEEE Fellow。主要研究方向为模式识别与人工智能、图像智能感知与自然计算、类脑计算与大数据。

"星火杯"寄语：我们要追求的是国际标准，而不是陕西标准或中国标准。我们要有做点事的决心，相信自己，并坚持努力去做；要把所有正能量汇聚起来促进西电、西安、陕西、中国的创新事业发展，不发牢骚，不当"吃瓜群众"；要做基础性研究和关键技术攻关，而不是围观秀。

第三十一届星火园丁——王阳

学院：创新创业学院。

个人简介：王阳，1995 年毕业于我校半导体物理与器件专业，现任鲲鹏通讯(昆山)有限公司董事长。西安电子科技大学硕士研究生导师，西安电子科技大学终南书院兼职导师，2016 年受聘西安电子科技大学兼职教授。天使投资人，国家"万人计划"科技创业人才。西电上海校友会原会长。

"星火杯"寄语：希望学弟学妹们在读书期间不要只认准学习成绩、死读书，永远不要试图以数量取胜，现在的社会竞争越来越激烈，还是要发展和培养一些专业知识以外的爱好和本领。我印象中，现在能做出些成就的人大多是学生时代爱琢磨、能折腾的人。母校近年来的发展势头非常好，希望母校的明天更加美好！

第三十一届星火园丁——杨众杰

学院：创新创业学院。

个人简介：杨众杰，西安电子科技大学兼职教授，创新创业学院战略咨询委员会副主任委员。摩拜单车(Mobike)联合创始人，全球首款共享单车智能锁创造者，中国电子学会高级会员，物联网产学研国际联盟专家会员，中国第一批手机制造团队成员之一。曾获得专业领域设计发明专利 12 项，实用新型专利 20 余项，开创了中国共享单车的新出行时代。

"星火杯"寄语：大学需要深度，同时也需要广度。在未来的学习过程中，我们不仅要知道"木桶理论"，同时也要知道"矛尖理论"，要走 Right Way，而不是 Easy Way。

第三十一届星火园丁——谭茗洲

学院：创新创业学院。

个人简历：谭茗洲，人工智能领域专家，亚杰天使基金投资合伙人，图灵机器人首席战略官，人民网研究院专家顾问，高智发明(IV)专家顾问，中国"互联网+"创新创业大赛国赛冠军导师。图灵机器人、朝夕日历、51 猎头、酷玩实验室等多家创业公司天使投资人和创业导师。2012、2013、2014、2015 年中国移动互联网发展蓝皮书作者；2013 年中国视听新媒体发展蓝皮书作者；2016 年主持"谷歌 AlphaGo 对决李世石"直播大战。担任北京大学、北京航空航天大学、北京邮电大学、北京理工大学、南京大学等多所大学的"创业导师"。

"星火杯"寄语：我们正处在互联网时代的浪潮之巅，同学们应当保持对事物多思考的心态，这是创新最朴素、最根本的源泉。同学们要保持一颗"好奇心"，不断学习，不断创新。

第四部分

星火作品

1 "睿鹰"——基于机器视觉的无人机自主侦巡系统

一、研究背景

传统的安防行业治安巡逻方式消耗了大量人力和时间成本,布设的固定摄像头监控视野有限,值班员要时刻集中注意力监视屏幕。为提高安保人员的工作效率,我们设计了这套高度智能化的基于机器视觉的无人机自主侦巡系统——"睿鹰",其系统框图如图4-1所示。通过引入机器学习与计算机视觉相关算法,结合成熟的无人机控制技术,系统实现了自主航迹巡逻、智能避障、目标识别与分类、异常行为检测、人物追踪、视频云端互联等功能。

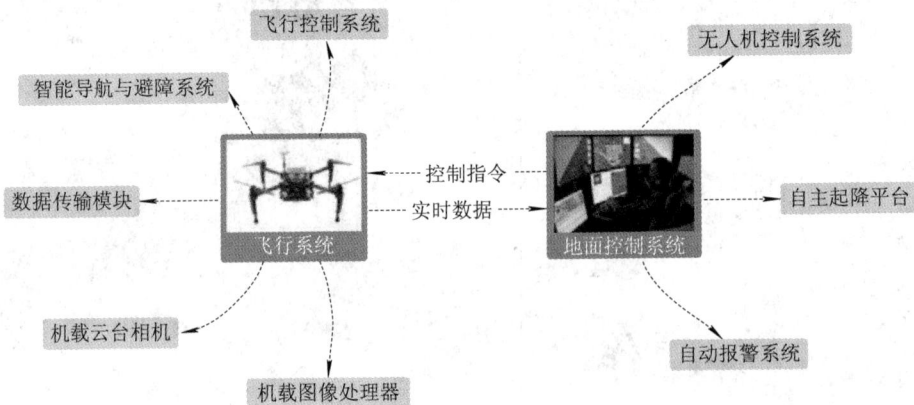

图4-1 "睿鹰"系统框图

二、创新原理

1. 本产品通过 KCF(kernelized correlation filters)算法来追踪选中目标,具有检测效果好、速度快、鲁棒性较好的特点,同时基于 YOLO 框架建立和训练了卷积神经网络(CNN)来实现从视频的图像流中识别出行人与车辆的功能,完成场景识别,并在此基础上建立了一套与 CNN 结合的贝叶斯判别算法,实现了以更快速的检测模型来实现产品功能的目标。

2. 在无人机系统功能创新方面,本产品实现了特定安防场景的定制化功能。系统借助无人机平台,弥补了传统安防巡逻系统在监控视野和系统机动性上的不足;高度自主巡航功能使其避免了由于无人机操作失误而造成的损失,提高了安防巡逻系统的安全性和可靠性;多种智能化定制功能满足了安防工作人员在特定场景下的任务需求，提高了工作效率。

3. 在地面控制系统产品创新方面，本产品实现了目标识别与分类、异常行为检测、人物追踪等功能。地面控制系统由移动控制端和室内控制站组成，在移动端程序中可以设置巡航任务并监视飞行器飞行状态。室内控制站可以对视频信息进行加工处理，将识别和分类过的图像呈现给安保人员，并通过RTMP 流媒体协议将其实时上传至云端，安保人员可以对感兴趣的目标进行框定，让无人机执行目标追踪任务。

4. 在算法创新应用方面，本系统创新性地采用了三种机器视觉算法，具有更智能化的信息处理与决策能力：一是使用自己收集的航拍视频数据，对YOLO 框架下的卷积神经网络进行权值修正，以完成空中视角下的物体识别；二是引入重捕获机制改进 KCF 算法，完善 Hog 特征(方向梯度直方图)，使目标追踪更具有鲁棒性；三是通过机器学习算法建立了异常行为规则库。

三、发展前景

近年来，无人机技术快速发展，安防与无人机结合的优势日趋显著，市场潜力不断扩大。借助于机器视觉算法，"睿鹰"无人机自主侦巡系统使用无人机针对安防巡逻这一特定场景实现功能的个性化定制。相比于传统的无人机安防系统，本产品除了能够完全自主安全执行巡逻任务之外，还具有对巡逻场景进行识别和判断的能力，能够自主完成场景内事物的归类划分，并依据识别结果对监控人员进行警报提醒，能够有效弥补传统安防巡逻体系在机动性与智能化上的不足，有望推广应用于居民小区、工业园区、室外会场等多种复杂环境，完成高度智能化的监控巡逻任务。

作者：马向前　单守平　滕瀚哲　崔婕　徐之浩　丁海威　张昊东
第二十八届"星火杯"特等奖作品

2 Anboer——空地协同智能安防系统

一、研究背景

随着物联网的高速发展,智能机器人在安保领域有了相当规模的应用,然而现有的安保机器人的产品仍存在一些问题,比如地面巡逻机器人功能单一且缺乏灵活性;无人机较为复杂的操作需要经验丰富的飞手进行全程操控,智能化程度较低,并存在由于人员操作不当导致坠机的风险。针对以上情况,我们团队提出了一套空地协同、灵活高效的安防巡逻系统,希望能融合二者优点,降低成本,提高系统灵活性,实现智能化应用。

二、创新原理

1. 本产品基于激光 SLAM 构建栅格地图模型,融合蒙特卡洛等算法实现机器人的精确定位、自主避障和路径规划等功能;采用基于深度学习的目标检测算法 YOLOv3-tiny 进行目标识别训练,其更快的识别速度和更高的准确率,使得机器人在安保巡逻的同时能够实现人像/车辆识别、异常检测(如摔倒、特定通道被堵等情况)等功能,帮助安保人员第一时间掌握现场情况。

2. 本产品开创性地使用空地协同一体的安防系统,如图 4-2 所示,使得安防人员能够拥有更开阔的视野并掌握更多维的信息。通过对目标识别和匹配跟踪算法的进一步优化,使得空中与地面的观察视角能专注一处,并且无需多人操作,优化了安防工作冗余的配置,使其更加智能、高效。

图 4-2 空地协同一体的安防系统

3. 空中无人机编队和地面安防机器人的结合实现了 1+1＞2 的优化效果。空地协同的安防机制很好地弥补了单一种类的安防机器人的缺陷，解决了无人机需人工控制、难以进行低空作业且续航能力差的问题，同时无人机配合地面机器人巡逻也解决了其工作视野小、环境掌控性差及工作环境易受地形控制等问题。

4. 基于 Zigbee 的自组网的创新性应用使得机间及机与机器人间的通信更加准确高效。工作时，巡逻机器人发现可疑目标后，将位置发送给无人机编队，待无人机编队被引导至附近，无人机使用视角朝下的相机捕获到目标的视觉信息，使用 UWB 设备对合围目标进行空间定位，从而可准确追踪合围。

三、发展前景

目前空地协同的机器人安防系统应用还较少，更多的是地面机器人或无人机单独巡航，但各自都存在功能上的缺陷和环境上的制约，难以高效快速地完成任务。相较于传统模式，空地一体化的安防系统则优势明显，拥有更快的反应速度和绝对的续航优势，可以全方位、智能化地执行巡逻监视任务，存在着十分广阔的市场前景。

作者：崔佳佳　林　旭　栾佳宁　李行健
第三十届"星火杯"特等奖作品

3 慧眼寻错——图书馆图书查错助手

一、研究背景

近年来，随着图书馆管理不断信息化和智能化，越来越多的图书馆采用 RFID 技术及产品来识别和追踪图书资料，但目前 RFID 智能设备的应用却无法解决图书摆放混乱和整理困难的问题，人工查找整理也严重降低了图书馆的运营效率。为应对这一难题，我们将物联网技术与传统图书馆进行融合，采用 UHF RFID 技术和图像拍摄技术相结合的方案，成功填补了如今图书馆智能管理系统维护的空白。

二、创新原理

1. 本产品采用 UHF RFID 识别技术和图像拍摄技术相结合的方案，由硬件实体和服务器软件两大部分构成，采用模块化设计理念，实现了系统的图书查错功能，工作原理如图 4-3 所示。其中的 UHF RFID 模块采用基于 AS3992 芯片的超高频接收器，配合 5dBi 圆极化天线，实现了图书识别功能，较大程度保证了识别的距离和准确性。与此同时，各模块使用的 ESP8226 与服务器相连，实现 WiFi 通信，并利用 HTTP 协议将图像反馈到 Web 端，完成错乱书籍位置图像的记录和上传。

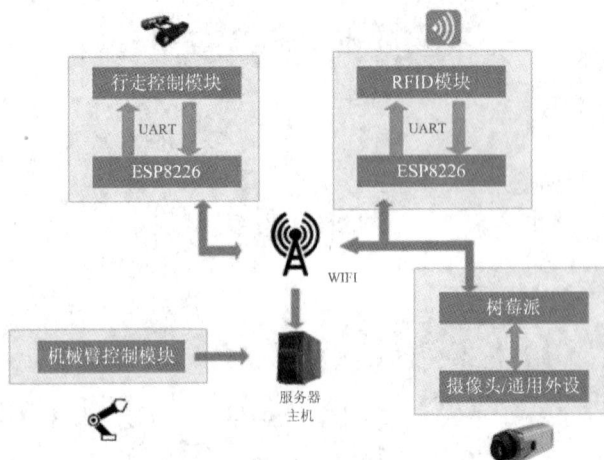

图 4-3 图书馆图书查错助手工作原理示意

2. 物联网技术与传统图书馆的创新性结合使得用户能够在网络上随时随地操作、管理图书馆系统，使得图书馆的环境数据能够实时地交给后台，方便用户利用大数据分析改进图书馆的管理。

3. 系统实体部分的模块化设计使得各个模块之间的工作近乎独立，相较于现在流行的一体化设计，模块化设计的创新应用可以显著地降低用户对系统维护与升级的成本。

4. 本产品首创性地利用了基于 UHF RFID 和图像拍摄技术相结合的方案，填补了图书查错相关领域的研究空白，同时结合阿里云端 MySQL 服务器，可以实时访问以及查看馆内图书信息，使图书馆工作人员可以及时了解图书借还情况。

三、发展前景

现阶段我国市场上急需相关的图书馆管理助手来解决图书馆图书书目不断增多与图书馆管理难度不断增大的难题，而"慧眼寻错——图书馆图书查错助手"将物联网等先进技术与传统图书馆进行融合，大大提升了图书管理方式智能化水平，提高了工作效率，降低了图书管理人员的劳动强度，为图书馆信息化管理带来了革命性的改变，拥有较好的市场潜力。

作者：孙　昊　杨博文　李诗濡　王成锐　楚文龙　王晟杰
第三十届"星火杯"特等奖作品

4 肌电控制臂环

一、研究背景

近年来互联网的发展催生了庞大的网络社交需求,如何能够随时随地地进行信息输入是一项急需解决的问题。输入法技术经过多年发展已渐趋成熟,并向着更新的概念化发展。本团队创新性地研发出一款体感操作的可穿戴设备,即肌电控制臂环,如图4-4所示,能够较好解决当前SEMG采集装置普遍存在的问题,达到更高的人体动作识别率,并应用于实际生活。

图4-4 肌电臂环整体外观

二、创新原理

1. 本产品由肌电臂环的硬件、软件及算法各部分构成。我们分析 SEMG 手势识别技术并设计了一整套硬件结构和软件算法,保障了肌电臂环系统的成功运行。同时将传统的智能手环与输入法结合起来,对智能手环进行创新性改革,使其变为可进行输入操作的肌电臂环。在蓝牙系统、智能匹配系统和人体工程学原理的配合下,肌电臂环能够兼顾多种设备和环境,仅凭手势及输入惯性便可实现无声无息、任何时间场地的交互与输入,为肌电信号采集、遗传算法、数字信号无线传输等相关领域的研究提供了参考。

2. 本产品不仅能够实现肌电臂环的肌电信号采集、传感、蓝牙传输、无线充电、数据管理等功能,并且提出了创新性的软件算法,突破了硬件设备和使用环境的束缚,利用移动云计算技术,大幅度提高了数据处理能力和处理速度，这在手势识别领域的研究中具有重要意义。

3. 相比于传统工艺，本产品整体采用 3D 打印技术，制作快捷，工艺精湛，采用 4 层 PCB 板提高集成度，方便携带，并通过六个采集模块与可伸缩的弹性绑带的连接，提高了面对不同体型的用户的普适性；采用超低压差线性稳压器和双电源供电在保障了电源的稳定性的同时依据人体手腕结构进行合理设计，将人手臂做动作的表面肌电信号和六轴传感器采集到的信息实时上传到服务器，更好地实现了产品的即时性。

三、发展前景

肌电控制臂环能够利用 SEMG 采集装置提高对人体动作的识别率；兼顾各种不同的设备和环境，弥补了现有智能手环功能雷同、定位模糊的缺陷，能够用于移动设备、平板电脑等设备的输入过程；依靠蓝牙系统、智能匹配系统和人体工程学原理，本产品可带来全新的输入体验，为智能手环的发展开拓了新的思路，市场前景十分广阔。

作者：EMG 团队
第二十六届"星火杯"特等奖作品

5　基于 FPGA 的高动态范围监控系统

一、研究背景

随着社会的发展，安全监控系统的重要作用越来越凸显。但是在实际中，各种监控摄像头的成像质量却远远达不到理想的水平，这对监控系统后端根据采集到的影像进行的二次使用产生了一定的不利影响。同时，一般的监控系统也仅仅是对影像的采集和存储，并不添加其他功能。为此，本项目将高动态范围图像的硬件实现技术与人脸识别技术进行了有效结合，以期在现有的硬件条件下获得更好的成像质量，同时进一步丰富监控系统的功能。

二、创新原理

1. 本产品通过对高动态范围图像的应用，表示出真实世界场景中高动态范围亮度信息的图像。根据产品特征选择了适用于本系统的滤波及边缘检测方法，并利用相应 OpenCV 函数实现了图像的预处理过程；综合考虑算法的运算量和合成效果，笔者团队提出了改进的非线性响应曲线多曝光图像融合的方法；此外进行了算法级优化以便利用硬件通过查找表的方式实现对多曝光低动态影像的实时融合，并基于 FPGA 开发验证平台，采用 Verilog HDL 语言编程构建高动态影像合成硬件电路模块，以实现高动态影像的实时合成，合成流程如图 4-5 所示。最终的硬件实现结果也进一步证实了该方案的有效性。

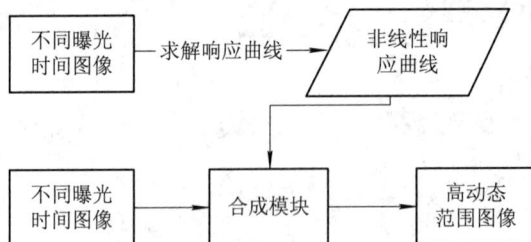

图 4-5　高动态范围图像合成流程

2. 本产品在高动态影像获取方案方面实现了重要革新。运用现代信号处理技术，实现了将多幅低动态范围影像中含有的亮度信息融合到一幅高动态范围图像的功能，并最大限度地还原现实场景，与此同时还解决了传统市场上专业的高动态影像获取设备造价昂贵的难题。

3. 算法创新方面，本产品在广泛研究现有高动态范围成像算法的基础上，综合考虑算法的运算量和合成效果，提出了改进的非线性响应曲线多曝光图像融合方法，为产品功能的实现和进一步丰富奠定了基础。

三、发展前景

本产品通过对高动态范围成像的研究应用，使用户通过普通照相机就能重构出可以与现实场景真实度相媲美的图像，弥补了传统监控设备对采集到的影像进行二次重构过程中功能缺陷的不利影响。与此同时，多曝光高动态影像合成方法的开拓性应用，对于有效降低高动态范围成像技术的门槛和实现高动态成像技术的工程化应用具有积极的意义，有望进一步打开市场。

作者：陈广 谢阳杰 王岳彪 孙珊珊 刘茂珍
第二十六届"星火杯"特等奖作品

6 基于 ARM 的多平台 USV——无人舰

一、研究背景

在人口膨胀、资源短缺和环境污染三大问题日益突出的今天，世界各国纷纷开始推动海洋监测和装备开发。同时，随着水上运输的快速发展，港口、航道、船只的安全问题日显突出。为填补我国相关领域的空白，本团队以 USV 为平台，设计出一款智能化的基于 ARM 的多平台 USV。

二、创新原理

1. USV 的设计和开发主要采用了 ARM 技术、GPS 技术、无线传输技术、PWM 电机调速技术、各种传感器技术、超声波智能避障技术等，整个系统主要有三个部分：搭载 ARM 处理器的船体硬件电路部分，PC 端上位机部分以及小阻力的流体型机械船体部分。小船周围集成了无线通信模块、GPS 模块、传感器模块、PWM 电机调速模块、超声波模块和摄像头模块等，控制系统端则由无线通信模块和上位机软件组成，各个部分相互配合，构成了一套完整的多平台 USV 系统。

2. 本项目提出一套全新的基于 ARM 处理器的在 Windows 电脑与 Android 手机操作系统上开发的控制系统，与谷歌 GPS 地图形成闭环控制系统。摄像头实时反馈监控图像，在电脑及手机界面上呈现三维动态图像，以反映所在地区的实物地貌，提供更多环境信息。

3. 在船体构造设计方面，我们创新性地设计出了水上航行和水下潜水两用船体。水上航行部分使用方向舵和三轴倾角传感器来调整船体在各个方向的偏移角度，并以水下螺旋桨的转速差作为辅助手段共同进行调节；水下潜水部分利用声呐来返回水下环境，并将信号加载到声呐上，反馈给控制系统，实现水下信息的传递。在采集水样时让水流从船体内部流过进行采集，一方面可以减少船体的阻力，另一方面更加利于水体信息的采集与利用。

4. 与 GPS 定位系统的巧妙结合使本系统能够获取更为直观的定位地图。利用 GPS 和电子地图可以实时显示出小船的实际位置，使得操控者可以更加轻松地了解到小船所在的位置，并任意放大、缩小、还原换图。GPS 三维地图显示可以提供出行路线的规划和导航规划，自动线路规划由操控者确定起点和终点，由计算机软件按照要求自动设计最佳行驶路线，包括最快的路线、最简单的路线等，三维地图显示如图 4-6 所示。

图 4-6 三维地图显示

三、发展前景

本产品功能较为完善，应用范围十分广阔。如在民用方面，可用于复杂情况的水面搜救，无人驾驶技术，使其能更加方便快捷地到达各种水域，以往不方便到达的各种水域都不再是水面搜救的难点；在军用方面，在续航时间、推进力、速度、航程、有效载荷、水面以上和以下部署传感器、通信方面等有明显的优势。随着制约其发展的技术因素逐步得到解决，USV 的应用范围和作战能力必将不断发展，市场前景较为广阔。

作者：尉粉粉 陈旭 张丰 刘宇飞 王泽伟 陶俪冰
第二十六届"星火杯"特等奖作品

7 基于激光三维扫描的复杂光学特性材质三维重建系统

一、研究背景

随着计算机模型在各个领域的应用,三维重建系统作为实体数字化的重要手段,具有广泛的应用前景。然而,传统计算机三维建模过程复杂,财力物力消耗较多,使建模效果大打折扣,影响后续的处理及使用。基于这种情况,本团队创新性地研发了一款基于激光三维扫描的复杂光学特性材质三维重建系统。本系统利用三维激光扫描仪,通过图形图像处理实现三维重建与光学特性分析,得到物品材质以及纹理等特性信息,使所建模型更加自然的同时极大地提高了三维模型的精确度以及材质、颜色等信息的准确性。重建后的点云如图4-7所示。

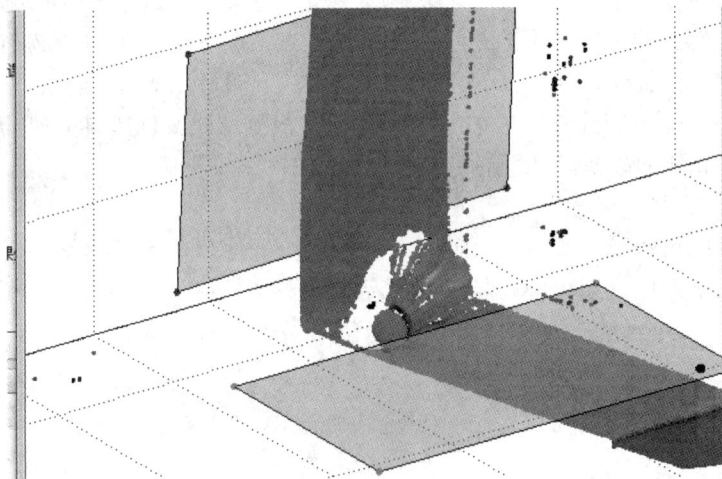

图4-7 重建后的点云

二、创新原理

1. 本系统借助了一个价格低廉但能精确重建物体几何模型的三维扫描系统,该系统由一台具有录像功能的数码相机及一个激光器组成,能够采集物体的表面光学特征。通过 videoProcessing.m 的代码,实现光斑边缘进入(或离开)每个像素的时间以及光斑边缘进入(或离开)的空间位置关于时间的函数的确定,并将光斑的两个边缘分别进行了处理,通过跟踪其前缘和后缘的影子,可以进行两次三维重建，这使其拥有较强的排除误差的能力，从而进一步增强了系统的功能。

2. 本系统创新性地提供了一种信息获取方法，利用摄像机记录下激光扫描过的模型表面相交形成的起伏光学信息，增强对表面光学特性复杂的物体的三维重建，通过标定板收集大量点云数据，建立三维模型，克服了非接触式测量对物体透明度、反光程度、颜色等要求较高的缺点。

3. 在数据准确度方面，利用了 MATLAB、OpenGL、GeomagicStudio 等软件对物体的三维坐标信息、纹理信息以及光学信息进行采集并进行除杂点、去噪点、整合等综合处理，极大地提高了数据精度，保留了被扫描物品表面的材质及颜色信息，构建出较为逼真的三维彩色模型。

4. 在便携性方面，本系统突破性地降低了对硬件和使用环境的要求，节省了操作时间和工作成本。相比于传统技术中要同时使用五台摄像机及投影设备光栅衍射等复杂过程，本系统只需要一台摄像机和合适的光环境即可，易用性强，可靠性高，经过后期改进、处理，携带会更加轻便。

三、发展前景

在本项目中，我们建立了一个基于激光三维扫描的复杂光学特性系统，相较于之前的三维重建系统，此项目旨在在三维重建系统中的纹理特征及光学特征上做出突破，以期得到更加逼真的建模效果，增强三维重建系统的功能。而随着数字加工技术对产品计算机三维模型建立的要求进一步提升，虚拟现实技术等新兴领域也对三维模型展露出迫切的需求，本产品在功能上的突破将是相关领域的一次重要革新，无疑具有十分广阔的市场前景和发展空间。

作者： 吴昊翔　高雪川　周自衡　肖肃诚　胡　元
第二十六届"星火杯"特等奖作品

8 基于人工智能的自闭症谱系障碍早期筛查

一、研究背景

自闭症谱系障碍(ASD)又称孤独症,是一种由于神经系统失调导致的以发育障碍、社交能力、沟通能力、兴趣和行为模式不正常为特征的精神疾病。该病发病率高、覆盖率广,然而目前自闭症诊断主要依靠填写量表和医生观察,主观性强,误诊率高,国内外自闭症仪器诊断研究领域更是处于空白。本项目致力于解决传统自闭症诊断准确率低、确诊周期长等问题,应用深度学习和计算机视觉技术,设计了一套磁共振影像预处理与病例管理系统和一套自闭症磁共振影像诊断系统,辅助医生进行磁共振图像的处理与自闭症谱系障碍的筛查。

二、创新原理

1. 本项目团队使用3D卷积神经网络和本项目组自行设计的内部带有卷积操作的长短时记忆神经网络对三维结构磁共振和四维功能磁共振进行特征提取,从而实现自闭症谱系障碍的精准分类和亚型划分。基于深度神经网络的自闭症谱系障碍亚型预测、严重程度预测和风险值预测,开发了核磁影像预处理系统的病例管理系统,涉及计算机视觉图像处理、高维度医学图像特征提取、医学可解释性深度学习、数据库等技术。患者的核磁共振影像(MRI&fMRI)通过预处理系统,实现图像的降噪等优化,然后将核磁共振影像导入自闭症谱系障碍筛查系统,通过可解释性深度神经网络提取预测特征,提供患者的患病风险值以及可能的亚型,并且通过分析提取的特征脑区的差异性预测疾病的严重程度,这为医生进行临床决断和制定康复方案提供了重要依据。本项目系统基本框架如图4-8所示。

2. 本项目团队致力于第一手数据的挖掘,不单单停留在理论层面,我们联合了西安中医脑病医院、西安交大第一附属医院对自闭症群体进行数据采集,并进行数据库的建立。通过两年的研发,本项目团队成功研发出核磁共振影像处理系统、病历管理系统、自闭症谱系障碍亚型筛查系统。在核磁共振影像处理系统中,医生可以通过点击按钮的方式实现医学影像的降噪、配准、边缘增强、锐化、标注、反像等操作。病例管理系统可以帮助医生建立患者就医档案,实现病历查询和资料的快速调阅与切换,并帮助医生生成检查报告。

3. 本团队开创性地研发了一套核磁影像预处理系统,具有创新性的同时兼具了较强的实用性。自闭症谱系障碍分为四种亚型,在自闭症谱系障碍筛查系统中,本系统可精确地预测被试者所患的自闭症谱系障碍所属亚型。医生在使用过程中可以轻松地实现核磁影像的预处理,并且系统将给出被试者可能患的亚型以及风险值,并根据脑区差异性预测疾病的严重程度,为医生制定康复方案提供重要依据。

三、发展前景

本产品基于人工智能的自闭症谱系障碍早期筛查计划,从自闭症患者的切身之需出发,提高了医疗资源的利用效率,弥补了通过专业技术手段对自闭症患者进行干预在市场上的空白。在市场上没有同类产品竞争的情况下,将取得极高的社会与经济效益,发展空间巨大。此外,本项目中的系统还可以作为一个护理辅助平台搭载其他功能,通过功能的拓展将在实际应用中不断地显现其卓越的性能和巨大的深层开发潜力。

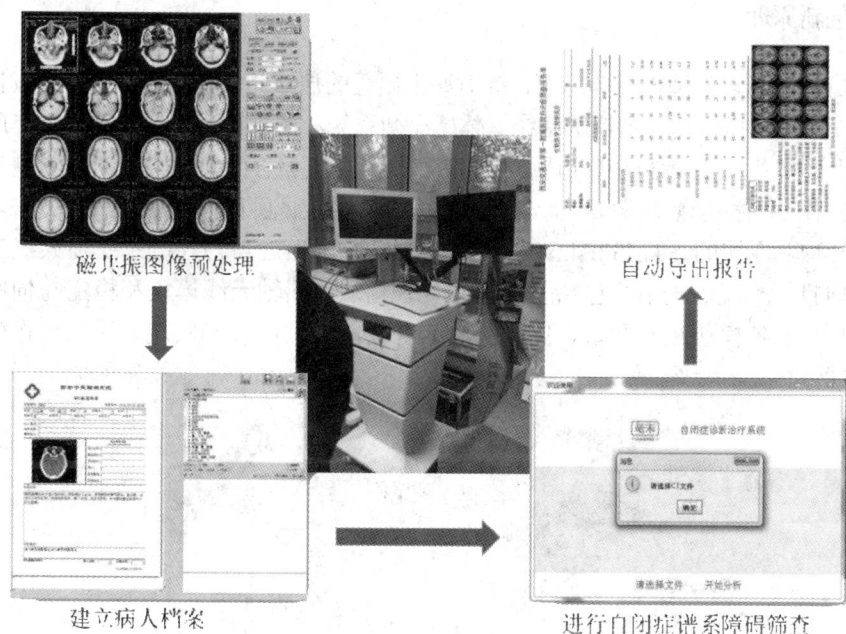

图4-8 基于人工智能的自闭症谱系障碍早期筛查系统示意图

作者:马彦彪 张珂鑫 郑 永 孙铭菲 刘 闯 姚国润
李春鹏 黄顺然
第三十届"星火杯"特等奖作品

9 Homy Sail——自稳联网船载悠游服务系统

一、研究背景

网络已经融入人们日常生活的方方面面，随时随地能够上网成为人们的日常需求，而受限于目前海上无基站的状况，海上互联网成了一大难题。海上出行晕动问题很常见，无论是药物治疗还是提前训练，都不能满足人们或者士兵即时出行的需求。所以人们迫切希望能够从根源上解决晕动问题，并且希望在海上能使用互联网，但现如今从根源上防晕动的市场却几乎是一片空白，而且国内海上互联网方面也正在起步阶段，这一现状不免引人深思。

二、创新原理

1. 本项目以舒适出行为理念，针对海上出行的痛点问题，打造了一套船载自稳系统。它包括自动稳定追星系统、体感平衡系统和图像处理系统三部分。在此基础上，又开发了增强现实和语音识别等附加功能，旨在为旅客增添出行乐趣。

2. 在总体实现方面，自动稳定追星系统基于圆锥扫描跟踪算法，以Cortex-M4 内核的 STM32F429 芯片为控制核心，通过自稳控制系统使天线自动指向目标卫星。该系统包括卫星信号处理模块、四轴天线模块和稳定与伺服控制模块。各模块相互配合，保证了海上互联网通信的顺利实现，系统运作模式如图4-9所示。

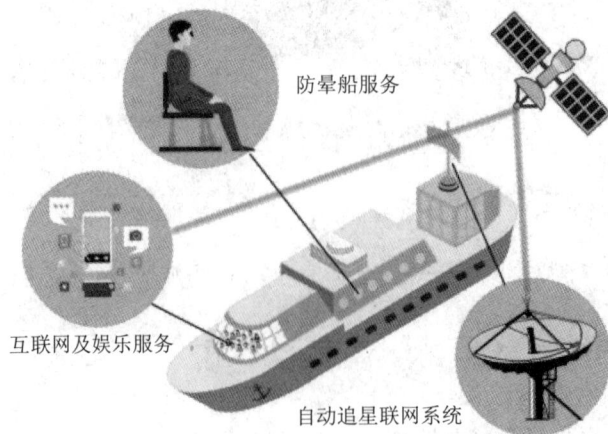

防晕船服务

互联网及娱乐服务

自动追星联网系统

图 4-9　系统运作模式

3. 在算法创新方面,本项目运用到了视觉稳像算法。视觉稳像算法的核心是对图像进行运动检测,图像稳定算法结构如图 4-10 所示,运动检测的准确度直接影响了后级的图像补偿和座椅姿态调节的效果。本系统所采用的全局运动检测算法是在基于特征点的 LK 稀疏光流法的基础上改进而来的,它具有对于场景变换拥有很好的鲁棒性和更快速的优点。

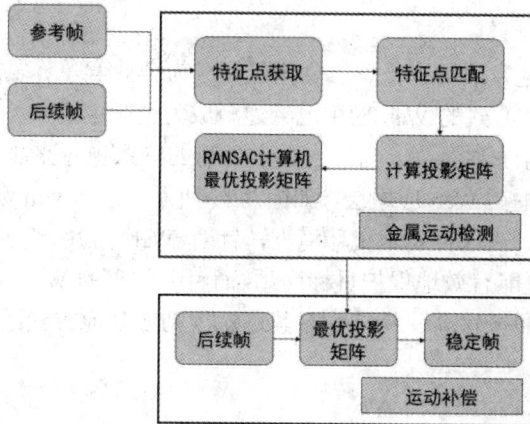

图 4-10　图像稳定算法结构

4. 本项目还用到了圆锥扫描跟踪算法来提高天线自动跟踪的准确度。依靠馈源喇叭绕对称轴做圆周运动或副反射面旋转来产生一个旋转射束,当卫星偏离旋转轴方向时,接收信号是被调制了的信号,调制信号的幅度和相位分别取决于卫星偏离旋转轴的大小和方向,跟踪接收机检测出该调制信号,并用波束旋转时产生的正交基准信号对检出的调制信号进行一系列的信号处理,解调出方位和俯仰误差角的直流误差信号。

三、发展前景

当今是信息和科技高速发展的网络社会,互联网已渗透到社会生活的各个方面,中国接入互联网 20 多年以来,网民数量迅速增加、网络建设成就斐然,中国正在从网络大国走向网络强国。因此,建立一个开放的、实时共享的海上网络通信系统必定是未来促进海上经济发展的重要因素。本系统秉承"舒适出行,欢乐旅途"的理念,将互联网和防晕相结合,满足了广大乘客上网的需求,还可以克服大部分晕船旅客的晕船状况,使其真正感受到舒适出行的乐趣。

作者: 唐旺硕　赵佳　王泽林　赵辉亮　曹若茗　唐旋　吴悠
第二十八届"星火杯"特等奖作品

10 Mshield 机器学习多模式云 WAF

一、研究背景

在互联网高速发展的今天，信息化已经成为企业竞争、发展、创新的重要手段，围绕数据中心式的 Web 应用已经逐渐成为企业主流业务的重要载体，企业财富与网络安全紧密相关，与广大群众生活的联系也越来越紧密。而 50%以上的网络攻击发生在 Web 应用层，如图 4-11 所示为 Wooyun(乌云)网近期收录的部分地区漏洞。在这种安全大环境下，针对 Web 应用，传统的安全防御方案远不及 WAF 更能有效地保护目标网站。而目前常见的 WAF 都是基于规则匹配的，其误报、漏报率高，易被针对其过滤规则或其他方式的攻击绕过。

最新公开 (39262)

提交日期	漏洞标题
2016-04-08	速递易某系统存在命令执行漏洞
2016-04-08	先锋中国存在SQL注入+dba权限
2016-04-08	开心人大药房www主站多处漏洞打包（越权+敏感信息泄露）
2016-04-08	哔哩哔哩总部一处命令执行漏洞/已Getshell/可探测内网大量主机
2016-04-08	上海申龙客车有限公司某系统存在漏洞
2016-04-07	某台电商www主站存在SQL注入dba权限&19个库&60多万用户数据&480万数据&列出hash

漏洞预警 (9896)

提交日期	漏洞标题
2016-05-19	Bypass安全狗SQL注入防护规则(可UNION)
2016-05-18	绕过百度云加速SQL注入/可使用union关键字/可查询系统数据库
2016-05-17	新姿势之docker管理应用shipyard未授权访问漏洞（直接获取宿主机root权限）
2016-05-17	麒麟开源堡垒机SQL盲注与root权限远程命令执行漏洞（无需登录）
2016-05-16	绕过360网站卫士/可union执行函数及查询系统表单
2016-05-17	完全bypass安全狗SQL注入防御（附如何又快又好的打狗秘籍）

图 4-11　Wooyun 平台近期收录的部分地区漏洞

二、创新原理

本项目基于网络安全保护，摒弃规则匹配的传统模式，设计出了新的防御体系 Mshield。Mshield 由防御设备和云平台两部分组成，如图 4-12 所示。设备部分包括语义分析模块、机器学习模块、过滤器模块及用户模块。云平台部分包括态势感知模块、大数据分析模块及数据仓库。通过采集百万级攻击载荷数据的特征，经机器学习模型的训练和泛化，使得 Mshield 相较于传统 WAF，面对当下甚至未来未知的 Web 攻击，具备更高效且更安全的防护能力。

1. 在多模式识别分析方面，本系统对于传统规则，提供严密的过滤规则，并且管理员可根据自家业务逻辑，自定义过滤规则；对于大数据分析，本系统对庞大的流量数据集中进行机器学习，将大数据运用到 Web 应用安全防护上；对于语法树词法分析，本系统可有效应对同种攻击的多姿势变化，对于 SQL 注入漏洞尤其有效。

2. 在态势感知方面，对当下的安全态势进行评估分析和生成总结报告，本系统能对未来一段时间内可能发生的攻击事件和遭到攻击的应用进行分析，使用户能够对可能发生的风险未雨绸缪，防患于未然。

3. 在功能创新方面，本系统加入了自动渗透测试、代码审计等安全防御方案。

三、发展前景

大数据是今后网络发展的一大主题，信息安全也已经成为一个大数据分析问题。近一年来，我国网民因垃圾信息、诈骗信息、个人信息泄露等遭受的经济损失为人均 133 元，同比增加 9 元，因此而消耗的时间人均达 3.6 小时。这种惊人损失对于个人、企业、国家而言都是难以承受之重。Mshield 是一个轻巧的 WAF，并且可全视图操作，对管理员的技术要求不高，相比云盾等其他大规模传统 WAF 成本低廉，对中小企业及个人网站友好，且其基于大数据的安全分析理念顺应发展潮流，在现今及将来更加复杂多变的网络环境中，能更好地发挥其作用，可以让用户用最低廉的价格享受最容易操作和最高安全强度的防护。在网络安全环境错综复杂的今天，Mshield 的发展前途会更加坦荡，成为一套成熟的 Web 应用安全问题解决方案。

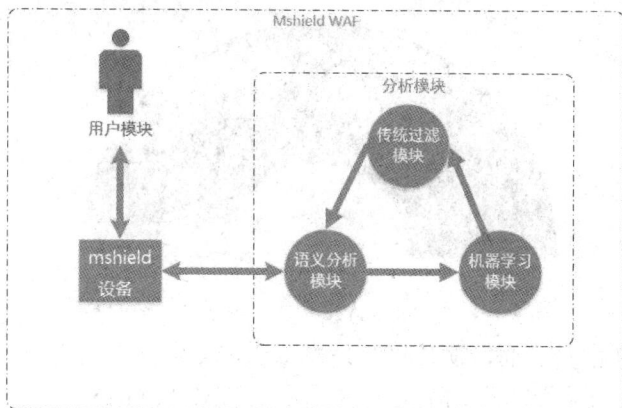

图 4-12　Mshield 模块分析

作者：吴文栩　欧　迈　赵继龙　梁文彬　韩瑞欣　魏俣童
张子祺　李嘉辉

第二十八届"星火杯"特等奖作品

11 Muses——基于 LSTM 和 GAN 的人工智能作曲系统

一、研究背景

近年来，短视频、广告、游戏等应用方向的商业音乐展现出极大的发展空间。从影视剧、动漫、游戏的背景音乐，到商场、游戏厅、健身房等生活场所的氛围音乐，商用配乐存在很大的市场需求，其重要意义在不断增强。然而由于人工谱曲成本高、耗时长、质量参差不齐，商业编曲实际产值远低于市场理论值。

二、创新原理

1. 本项目是一款面向非专业人士的智能作曲系统——Muses 人工智能作曲系统。如图 4-13 所示，"Muses 人工智能作曲系统"根据其功能可分为四大模块：视频配乐、听音仿曲、谱曲助手与灵感笔记。本项目研究人工智能在商业作曲领域的应用，使非专业人士也可以通过本系统获得快速高质量的智能谱曲服务，包括视频自助谱曲、智能仿曲和谱曲辅助智能等。

图 4-13 "Muses 人工智能作曲系统"功能图

2. 在算法创新方面，遗传算法是模拟达尔文生物进化论的自然选择和遗传学机理的生物进化过程。Muses——基于 LSTM 和 GAN 的人工智能作曲系统得到的计算模型，采用一个适应性函数来演化样本的全局优化算法。在使用遗传算法进行音乐创作的过程中，主要工作是构造适应函数，以此来评估及选择系统生成的旋律问题。但是选取合适的评价函数是非常富有挑战性的工作，一定程度上限制了应用的快速发展。人工神经网络是一种模仿生物神经网络行为特征，进行分布式并行信息处理的算法模型，其灵感来源于生物神经，由人造神经元组成计算模型网络互联，将数字输入聚合成单个数字输出至非线性设备。

3. 在开发创新方面，视频自动配乐作为开发的主体功能，该功能从视频内容、画面节奏、色调风格三个方面收集视频信息，生成最贴近视频表达的作品。视频自助谱曲可以通过对视频进行内容物体识别、色彩分析和画面节奏分析，生成合适的背景音乐；智能仿曲是通过用户输入仿曲启发音符，结合图补全算法，产生类似风格的音乐；谱曲辅助智能可以通过用户输入的关键词或语句，用自然语言处理算法和智能谱曲算法，生成适于原文本的配乐。

4. 在视频识别领域方面，视频划分为空间和时间两个部分，空间信息指视频帧的信息，时间信息指相邻帧之间的光流，携带着帧之间的运动信息。基于深度学习的行为识别算法能利用 CNN、LSTM 等神经网络学习到的特征对行为进行表征，并对学习到的表征进行分类。通过对视频多维度信息的提取和处理，视频的高质量识别成为可能。

三、发展前景

近年来，人工智能投资市场发展迅速，其巨大的发展潜力有目共睹，智能作曲作为人工智能的重要分支，在未来具有更大的发展空间。智能作曲作为音乐与人工智能的交集，可应用于音乐爱好者创作、短视频配乐、商用游戏、广告配乐等多个领域，具有巨大的发展空间。

作者：张丽萍　林子涵　欧宇恒　朱孝羽　陈少宏　张兴宇
　　　张言越　林依清
第三十届"星火杯"特等奖作品

12 残疾人体感控制助手

一、研究背景

根据联合国和世界卫生组织公布的数据，目前全世界残疾人数量已经超过6.5亿，仅仅在中国，各类残疾人的总数就超过了8000万人。残疾人问题已经成为全球面临的重大社会问题。因此，如何帮助残疾人更好地生活，成为全世界范围内关注残疾人的各界人士所共同思考的问题，其中可穿戴设备无疑是帮助残疾人最好的办法。通过开发可穿戴设备，帮助残疾人能像健全人一样体验生活的乐趣，显然具有极其广阔的市场和发展空间。

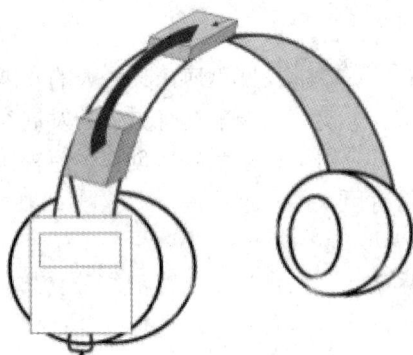

图 4-14　残疾人体感控制助手外观示意图

二、创新原理

1. 本电子产品为残疾人体感控制助手即耳机(以下简称"助手")，该助手以头戴式耳机为载体，外观如图 4-14 所示，耳机去掉了原有的播放控制模块，取而代之的是全新的体感控制模块。在耳机头带的顶端，安装有集成了加速度计、陀螺仪的六轴传感器，它为整个助手提供头部姿态的数据。左右两个耳壳内是本助手的电源和处理模块，内部编写了精心优化的程序，为整个耳机提供准确的姿态判断。各个部件配置合理，整体协调。本助手内置蓝牙模块，采用蓝牙与设备进行识别配对，传送语音和指令，对电子产品进行控制；蓝牙模块与单片机之间采用 IIC 通讯。蓝牙通讯协议采用新的蓝牙 4.0；对设备的控制采用 AVRCP&A2DP 协议；语音传输和解码均采用设备通用编码和解码。

2. 在功能创新方面，本产品改变了现有的媒体播放技术仅限于手动按键滚轮控制,通过体感的方式实现电子设备与人体动作的交互,操作方式新颖,服务残疾人朋友和电子产品爱好者;该耳机(助手)通过支持蓝牙的 HID 和 AVRCP&A2DP 协议,可广泛地操控媒体设备,具有普适性;该产品内置的区域内解锁屏等,体现了耳机的人体 ID 作用;本作品还有低功耗、超强续航的优势,辅以无线充电,具有长时间使用而无需频繁充电的优点。

3. 在实用性创新方面,本产品完成了基于体感和机器学习的残疾人用可穿戴电子产品控制助手。在考虑到残疾人朋友的苦恼后,设身处地地为他们排忧解难。项目内容涉及了单片机编程、数据指令的处理、算法的优化等众多领域,真正立足于改善肢体残疾人士的生活,提出并设计了体感耳机,自定义头部运动来接听电话、接收短信、切换歌曲,待机时间超长,并且能够自动解锁,这些功能不仅能够极大地方便肢体残疾人士的生活,并且能够较大程度地增加他们的生活乐趣。

三、发展前景

残疾人电子产品市场广阔,为了帮助双臂残疾人群使用耳机设备,解放更多人的双手、解决必须用手来及时控制耳机的困扰,本产品依托蓝牙 HID 和 AVRCP 协议,通过大量调研整理出必要的可以代替手部操控的问题,设计了一款能在人手不能及时触控设备(如开车、人与设备相距较远)的情况下,以头部动作来控制播放器的蓝牙耳机设备。用户只要佩戴好耳机,就可通过简单的头部自定义动作来控制耳机,实现自己想要的功能,进一步提高了产品的市场可适度,市场前景广阔。

作者:童泽坤 陈国军 陈信强 谢锦源 张慧良 曾琪杭
第二十六届"星火杯"特等奖作品

13 触摸虚拟——Hypnos 触觉反馈手套

一、研究背景

近年来，VR 技术与 AR 技术开始大规模商用化，目前的 VR 技术主要通过视觉和听觉提供浸入式体验，但这种传统交互方式已经无法满足群众日益增长的精神文化需求。而触觉是定位和感知外部的重要信息渠道，不仅能够增强 VR、AR 技术的浸入式体验，还可以在改善远程手术、VR 医疗培训等医学应用以及代替人类作业的探险工作等方面贡献一份力量，手势与触觉反馈相结合的新型交互方式在未来大有前途。

二、创新原理

1. 本项目的主要目标是制作安装佩戴于人手上的模拟触觉力反馈系统，即将 AR 交互设备、VR 游戏等发出的电信号转化为人类手部可感知的触觉与压感，项目同时基于空气涡旋模拟轻微触感以及机械骨骼模拟压感的技术。其主要分为硬件与软件两大部分，包括机械外骨骼、振动系统、气动系统、手势识别、空间定位、触感压感实现六个模块。图 4-15 为 Hypnos 手套渲染图。

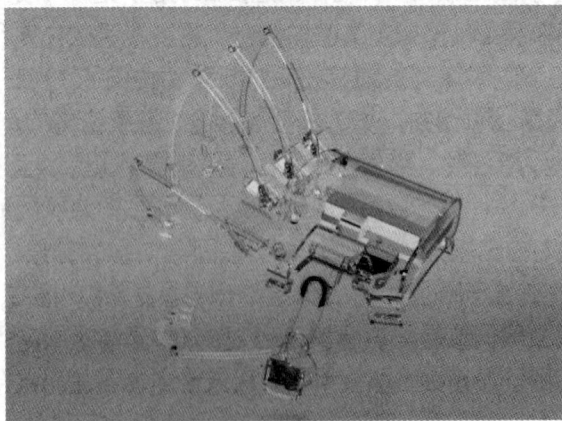

图 4-15 Hypnos 渲染图

2. 在功能创新方面，系统可分为触觉反馈、动作捕捉、智能交互三部分。触觉反馈模块主要包括机械外骨骼模拟压感、气动与振动系统结合模拟触感的实现方法；动作捕捉模块利用弯曲传感器 Flex 2.2 来读取远心端指节的弯曲角度、利用舵机的旋转角度推算指跟的运动角度，通过人手生物连带关系使用

Matlab 拟合手部运动数据，从而能够更加精确地捕捉手部动作；智能交互模块包括基于 SVM 的智能抓握判断和柔性物理引擎，智能抓握算法能够判断用户是否想要抓握当前物体，从而判断是否开启电机提供握持。

3. 在性能创新方面，整个系统性能可靠，工作稳定，技术成熟，运用空气涡旋模拟触感方法，能最大限度地模拟振动触觉，并配合气动系统协同工作。图 4-16 为实际演示图。

三、发展前景

近年来，VR/AR 设备作为触觉反馈设备，其潜在应用前景广阔，其市场增长趋势表现抢眼。本项目的关键技术——基于振动和气动结合的外骨骼触觉反馈技术具有较强的科学性与先进性，该装置在 AR 交互、VR 游戏、医学领域的远程手术与医疗培训、利用仿真机器人代替真人抢险救灾、探索未知地带以及可穿戴设备等方面拥有广阔的应用前景，具有可观的经济效益。

图 4-16 Hypnos 实际演示图

作者：金子楗 许 睿 韩翔宇 晋宇飞 张介憧 梅潇然
 徐子淇 甘海林
第二十八届"星火杯"特等奖作品

14 磁力驱动的高输出可植入式纳米发电机项目

一、研究背景

随着微纳加工技术的快速发展，大量以诊断、治疗为目的的微型植入式医疗器件(IMDs)出现在人们的日常生活之中。其中，电能的长时间持续供给和生物相容性问题是最为突出的问题。目前，电池是植入式医疗器件的主要能量来源，但它有限的容量却限制了植入式医疗器件的寿命。此外，由于当前所采用的材料生物相容性不够高，仍会出现不同程度的排斥反应。因此，探索能够在体内长时间持续提供能量的新技术和高生物相容性的医疗器件对于 IMDs 在临床应用中能更好地发挥作用具有非常重要的意义。

二、创新原理

1. 本项目拟构建一种压电-摩擦复合型的高输出可植入式纳米发电机，该发电机四种发电模式及原理如图 4-17 所示，其中压电层采用类叉指电极的多层结构以实现该 NG 体内发电性能的大幅提高；摩擦层采用磁力驱动的方式可以有效减弱对生物体内组织器官的影响。

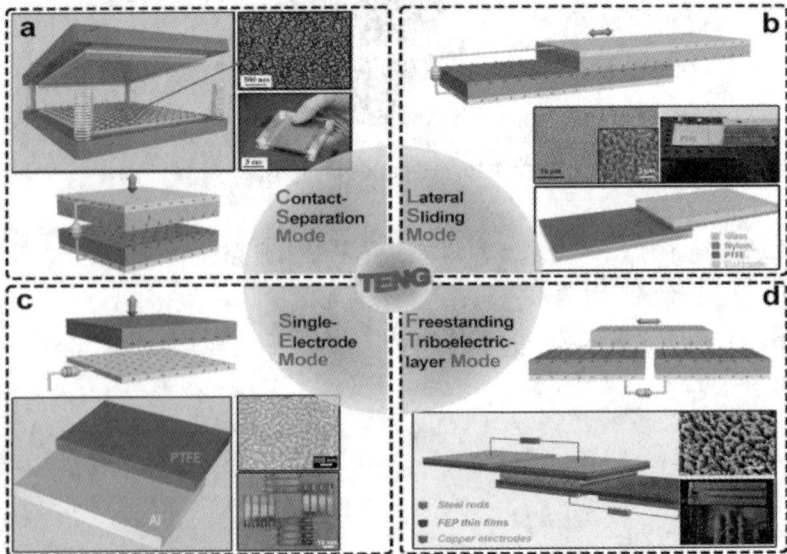

图 4-17 摩擦纳米发电机四种发电模式及原理示意图

2. 在技术创新方面，本产品采用特殊的摩擦层结构，将磁铁固定在摩擦层的背面，通过磁铁同极之间的相互排斥挤压摩擦层产生电子，保持了纳米发电机接触分离模式的产生，采用小磁铁可以克服摩擦发电机经过长时间工作后输出减少或者摩擦层逐渐脱离的问题，同时也延长了纳米发电机的使用周期。

在压电层创新方面，压电层采用类叉指电极结构可以提高压电输出，而且采用无铅材料(BZT-BCT)，具有更高的生物相容性，将磁铁与纳米发电机技术相结合，构建出了一种复合型的可植入式高输出纳米发电机，将有效解决纳米发电机在生物体内驱动力微弱、生物相容性差的问题，同时避免了它对生物体内正常生理活动产生的影响。另外，还开发出了磁场驱动的高输出可植入复合型纳米发电机。

三、发展前景

由于无需外界能量的介入，该微型纳米器件通过收集人体内的微小能量来将其转化为自身的动力。可将该微型纳米器件植入人体从而达到治疗疾病或是为器官提供动力的目的。另外，未来的能源是发散式、分布式、移动式、不确定数目居多的能源的集成。这种新技术可以实现对生物体内、环境内大量微弱能量的回收和再利用，从而构建出一种新的能量收集方式和发电方式。这种新技术能为更多患者减轻负担、减缓病痛，不仅可以实现体内长时间持续驱动并且能够大幅减弱了对生物体内组织和器官的影响，为植入式医疗器件的临床使用奠定研究基础。

作者：焦婧一　赵沫沫　俞竞存
第三十届"星火杯"特等奖作品

15 导盲小 Q

一、研究背景

在中国每年约有 45 万人失明，这意味着几乎每分钟都会增加一名新的盲人。视觉资讯是人类经验和知识的主要来源，然而在中国的大多数地区一根拐杖依旧是最原始也是最普遍的行进辅具，视觉障碍者可以通过它来探测路面的起伏以及台阶和障碍物等环境元素的状况，但是需要经过长时间的训练。而导盲犬的日常费用对一般盲人来说是相当大的开销，发明一款适合于中国盲人的导盲机器或者行动辅具是十分必要且可行的。

二、创新原理

1. 导盲小 Q 是一款智能导盲设备，具有定位、导航、避障、语音聊天等多种功能，外观整体如图 4-18 所示。它的基本原理是运用双目视觉技术探测到用户面前所有障碍物的位置及距离，经过算法分析处理后通过语音告知用户如何避开障碍物，并结合百度地图提供最优行走路径。设备通过蓝牙耳机与用户进行交互，每当用户说出"小 Q"后设备会被唤醒，之后用户可以用自然语言告诉小 Q 他的需求，如要去的目的地，询问今日的天气，打电话发短信，添加备忘提醒等等。

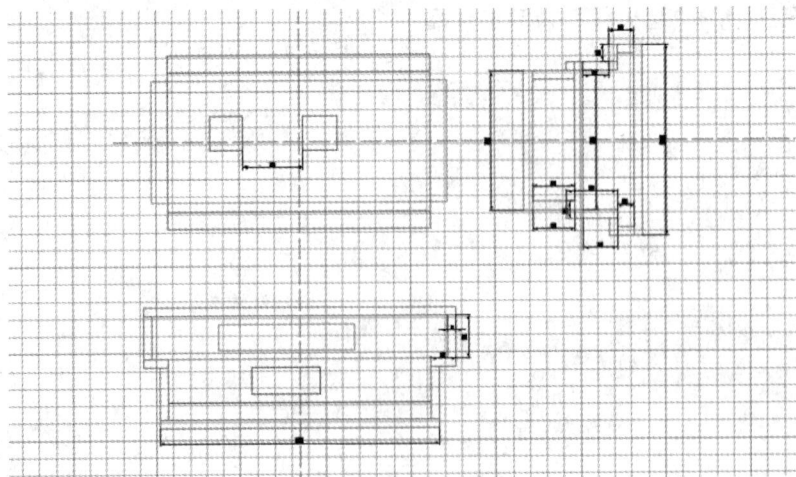

图 4-18 导盲小 Q 外观整体三视图

2. 在技术创新方面，导盲小 Q 拥有语音、语音合成、智能语义理解等功能，从而可以保证设备和盲人自如地进行对话，比以往单纯通过声音或振动的方式通知用户显得更加人性化。该设备的地图导航功能，可以引导盲人到达目的地，并增添了语音导航功能。双目立体摄像头形成立体图帮助避障，避障范围广而且安全可靠。

3. 在功能创新方面，导盲小 Q 加入语义理解功能，可以与盲人聊天，还加入了天气查询与雨天出行提醒服务；具有可穿戴性，穿戴方便；融合 GPS+WIFI+基站定位，随时确保定位的精确性，并且随时可以询问定位地点；使用语音可以拨打、接听电话，发送、阅读短信等，解决了盲人难以操作手机的尴尬。

三、发展前景

近年来，市场对于导盲的需求越来越大，所以本项目介绍的这一款具有对话能力的主要为盲人服务的导航设备，已经可以完成定位、导航、避障、语音聊天等功能，在配合手机 APP 的情况下用户只需呼唤"小 Q"就可以成功唤醒软件，使用拨打电话、发送短信、查询天气、添加备忘提醒等多种功能，可为盲人的生活提供更多的方便。随着社会的进步和科学技术的发展，我们的导盲设备定会趋于完善，并成功走进普通大众的日常生活中，为盲人朋友的生活提供便利。

作者：李肖
第二十六届"星火杯"特等奖作品

16 鼎安云——基于区块链的跨域认证与公平审计云存储系统

一、研究背景

习总书记在4·19讲话中强调，没有网络安全就没有国家安全。网络安全被提升到国家安全的战略新高度。并且根据国际数据公司(IDC)的最新统计分析，全球产生和复制的数据以每2年翻一番的速度激增，到2025年，全球数据总量将达到160ZB(1ZB=230TB)，如图4-19所示。然而云计算目前面临着诸多安全问题，一方面，广泛使用的传统跨域认证方案PKI运行效率十分低下，且证书服务器易受攻击，如2011年证书服务提供商DigiNotar的服务器遭黑客入侵，包括Google、微软、中情局在内的重要网站网络流量数据被监听长达一年。另一方面，云服务器为了保护数据的隐私性会选择加密数据，但这却不可避免地增加了数据的冗余程度与存储负担，从而更加难以保证数据的完整性。因此，如何设计兼顾安全隐私与效率的云存储底层解决方案，是云计算安全的关键所在。

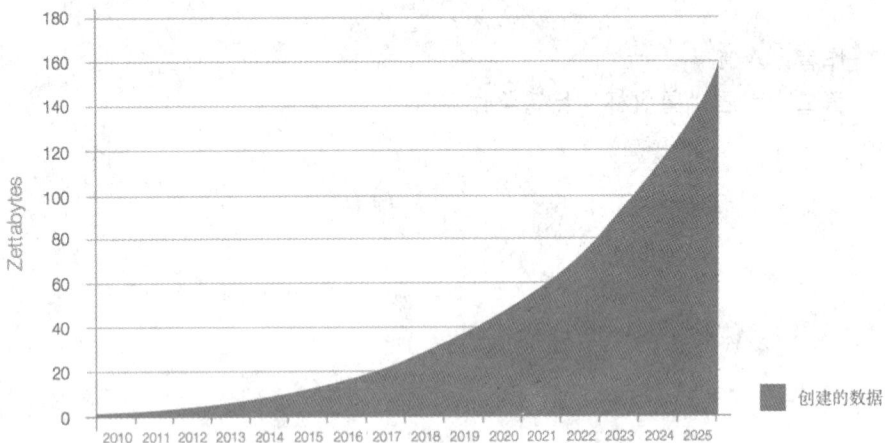

图 4-19 IDC 预测的全球数据总量发展趋势图

二、创新原理

1. 基于区块链的安全智能合约包括事务处理和保存的机制以及一个完备的状态机，状态机用于接收和处理各种智能合约，事务的保存和状态处理都在区块链上完成。事务主要包含需要发送的数据，而事件则是对这些数据的描述信息。事务及事件信息传入智能合约后，合约资源集合中的资源状态会被更新，进而触发智能合约进行状态机判断，如果自动状态机中某个或某几个动作的触发条件得到满足，则由状态机根据预设信息选择合约动作并自动执行。

2. 本作品是基于区块链的跨域认证与公平审计云存储系统。系统将认证功能、上传功能、去重功能、下载功能、完整性审计功能和服务器惩罚功能实现在证书验证、数据加密与标签生成、数据完整性挑战与审计、智能合约验证、数据解密五个流程中。

在认证模块中，通过使用我们的新型认证模型与认证协议，可以从原理上避免传统认证中心(CA)层级式验证证书时产生的巨大开销与安全隐患；在公平完整性审计模块中，我们结合数据拥有协议(Proof of Data Possession)与区块链智能合约技术，高效快速地验证数据完整性，如果验证失败则通过智能合约自动补偿用户；在密文去重模块中，我们使用收敛加密技术(Convergent Encryption)，在保护用户隐私的同时减少云服务提供商的存储负担，达到密文去重的效果。

3. 为了节省存储空间，商业云服务提供商需要对云服务器存储的文件进行去重。比如用户希望云服务器能够完整地存储用户数据，但是由于服务器是不可信的：① 云服务器忠实地执行去重或审计操作，却对用户数据表示好奇；② 云服务器会无意(如硬件、软件故障)或者有意(如进行数据挖掘)将用户数据透露给其他用户，所以用户上传至服务器的文件需在客户端进行加密，这给云服务器端的去重带来了挑战。由此，为了在保护用户隐私的同时实现密文去重，收敛加密(Convergent encryption，CE)技术被 Douceur 等人提出。

4. 为了验证用户数据的完整性，可证明数据拥有 Provable Data Possession (PDP)技术。PDP 技术可以有效地在不下载原始数据的前提下验证数据的完整性。此外，如果每一次都验证所有的用户数据来保证数据的完整性，则将会消耗大量的计算资源。PDP 方案设计了概率性验证算法，它通过检测随机的数据块从而以较高的概率验证全部数据的完整性，并通过 PDP 技术的使用，大大提高了数据完整性验证的效率。

首先，对于需要认证的用户，通过注册功能输入自己的相关身份信息，生成证书。查看本地证书详情信息、账户 ID，当客户需要更新证书时，需要生成新私钥，更改密码。在更新证书后，用户身份 ID 不变，更新证书其他信息。然后，当用户由于某些原因，需要注销证书时，通过验证 ID 密码，向 CA 发送注销请求。最后，该证书在区块链中的状态变为坏死状态(destroy)，实现成功注销。

三、发展前景

本作品能切实满足企业的需求指标。在认证模块中，本作品的认证网络流量开销相比传统认证方案减少了 70%，同时认证算法的时间复杂度变为 O(1)；在公平完整性审计模块中，如果服务器丢失 1% 的数据块，我们可以通过仅审计不超过 5% 的数据块，就能以 99% 以上的概率发现丢失的数据，所需审计时间相比现有方案减少 90%；在密文去重模块中，可以避免相同文件使用不同密钥加密所产生的冗余，与传统加密相比，N 个用户加密相同文件，存储空间占用变为原来的 $1/N$，大大减少了存储成本。

作者：曹寅峰　李艺扬　谢　意　薛　晨
第三十届"星火杯"特等奖作品

17 繁星数据平台——基于区块链的分布式

数据交易平台

一、研究背景

当今，大数据产业增长迅猛，数据作为大数据产业发展的"原材料"，成为了信息化时代的重要资源，数据交易平台应运而生。然而，数据资源的特殊性决定了其天然具有易泄露、易掺假、质量难评估等已有的数据交易平台难以解决的问题。当前，已有模式的数据交易都无法满足市场的需求，这些平台由于其本身中心化运行的特点，造成了诸多的问题：数据资源的保护与有效应用难以兼顾；数据容易在处理、交换、交易的过程中被泄露；数据资源的质量难以保证；数据激励不足，难以激起大众收集、管理和应用数据的意识；数据在中心化交易平台存放有安全风险。

二、创新原理

1. 繁星数据平台项目组使用区块链结合分布式密文存储、数字水印等技术，通过平台内的激励机制吸引第三方参与平台的数据存储与维护，将平台运营方与数据商品、交易信息分离，在技术层面解决传统数据交易中存在的种种问题，使我们的分布式数据交易平台安全可信。

2. 客户端是指供需要进行交易的买卖双方使用的桌面端应用程序，包含信息查询、即时通信、添加水印、数据传输等功能。本平台的 Web 站点是为用户提供数据商品的发布、查询的网站，由平台方进行运营。站点本身由 React 框架实现，使用 Umi React 应用开发框架、Dva 数据流前端框架、Ant Design UI 设计语言、Ant Motion 设计动效等热门 Web 应用开发技术，秉承确定和自然的设计价值观，注重于良好的用户体验。此设计体系由蚂蚁金服提供支持与维护。

3. 区块链节点、存储节点的维护功能都集成在客户端中，用户可根据自身需求进行选配启动。在繁星数据平台中，数据持有者可将自己的数据发布到平台上，成为卖家；其出售的数据商品的信息将被存入区块链进行登记，数据商品本身则被切片加密，以分布式存储的方式托管在交易平台中；寻找数据的买家可以到平台上查询所需数据，与提供数据的卖家取得联系、进行交易。买卖双方本次交易的信息除被存入区块链之外，还将以数字水印的形式嵌入要传输给买家的数据，所以若数据被某个买家泄露，则平台可根据泄露出来的数据中的水印定位泄露者，完成对泄露数据的买家的定位与追责，繁星数据平台网络结构如图 4-20 所示。

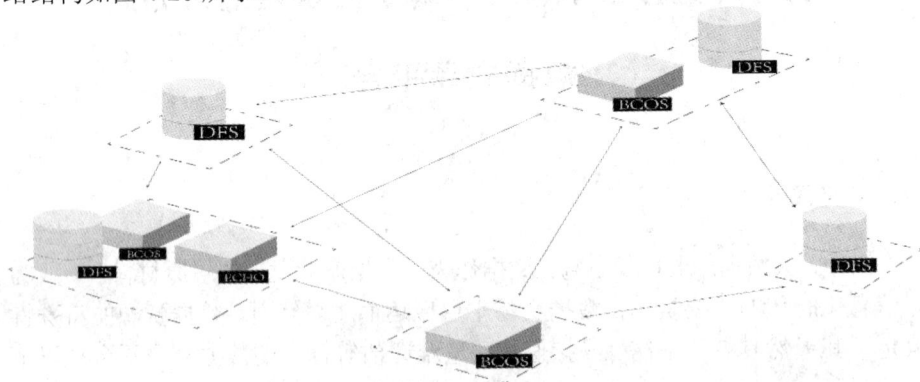

图 4-20　简单的繁星数据平台的网络结构示意图

三、发展前景

使用区块链结合分布式密文存储、数字水印等技术建立分布式数据交易平台，通过激励机制吸引不受平台运营方控制的第三方参与平台维护和商品数据的存储，实现数据交易平台运营方与交易信息、数据商品的分离，在技术层面解决上述传统数据交易中存在的问题，搭建安全可信的分布式数据交易平台，让数据交易更加安全、便捷、高效，这样的分布式数据交易平台有望释放大数据资源蕴含的巨大价值，具有广阔的应用价值和市场前景。

作者：李经纬　裴承轩　郑世博　郑聪　周平乐　包好雨　苏鑫
第三十届"星火杯"特等奖作品

18 非接触式多目标生物体征信号检测系统

一、研究背景

经调研，我国每年因心血管疾病死亡人数达 350 万人，在非正常死亡人口中占有较大的比例(45.01%)，如图 4-21 所示。非接触式生物体征信号检测系统实时提取患病人员以及潜在患病人员心跳呼吸等体征信息，能够对监测者当前身体状态进行评估从而大大降低意外风险，具有十分广阔的市场价值与研究意义。而毫米波作为一种新兴的生理信号检测方式，可以检测出人体心肺生命活动等生命体征信号，它不仅是非接触式的，而且具有一定的穿透能力，可以穿过衣物、被子等障碍物进行检测，与红外、激光等非接触式检测器相比，毫米波不受天气环境的影响，具有全天候工作的优势，这使得其在面向医疗诊断、家庭健康监护等应用场合具有实用性强的特点。

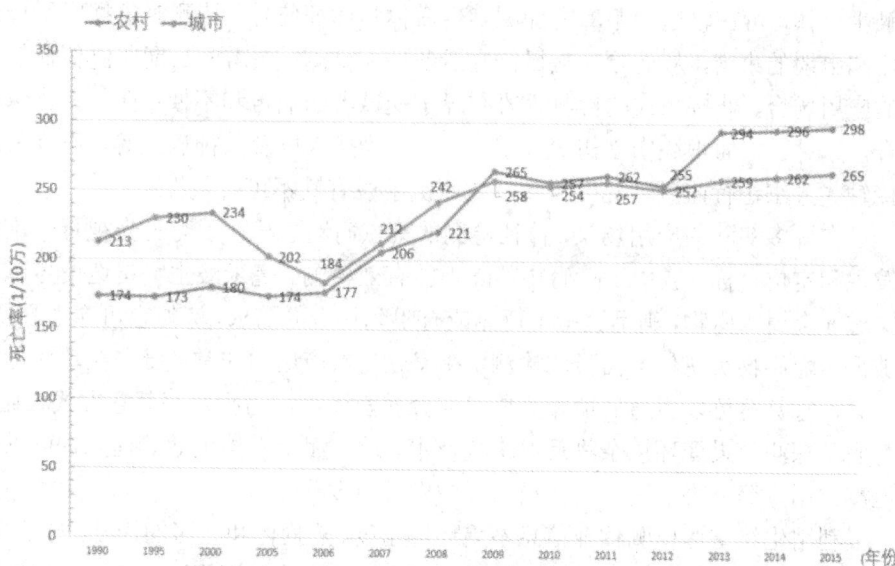

图 4-21　我国因心血管病死亡人数统计(来源于 2017 年心血管统计报告)

二、创新原理

1. 传统毫米波生物雷达是基于连续波(CW)检测待测目标的生物体征信号,信号未携带目标的距离信息,因此无法对检测范围内的多个目标进行检测,同时当检测范围内存在多个目标时会对测试结果产生较大的影响,因此传统的生物雷达无法满足多床位监护室内患者的体征信号检测需求。

线性调频连续波(LFMCW)可通过分析混频信号频谱提取目标与毫米波传感器的距离信息,能够同时对多个距离点进行并行检测。

本系统基于 LFMCW 测距原理实现对测试范围内多个距离点回波信号的分离,通过生物雷达微动检测原理对各距离单元处测试者体征信号进行检测,经后续滤波、相位解缠、峰值检测技术保证测试结果具有较高的精度,从而实现在系统作用范围内对多个测试目标生物体征信号的提取。

综上所述,本系统能够通过生物雷达微动检测原理实现对测试者体征信号进行分析,同时基于雷达测距原理对范围内不同位置的目标进行分离,实现多目标监测。

2. 基于生物雷达的非接触生命体征信息检测不需要任何电极或传感器接触生命体,可在较远的距离内探测到生命体的体征信号。待测对象摆脱了传感器和电缆的束缚,从而更易在日常生活条件下检测;在需要长期监测体征信息的应用场合,非接触式的检测手段减轻了受试者的痛苦和不便;在一些特殊场合,如对于大面积烧伤创伤等危重病人、传染病人以及精神病人等,不宜采用接触式方法进行监测,此时非接触式监测手段有其不可替代性。

在许多实际的应用场景,体征检测的难点问题之一在于可见光视野中难以发现和定位目标,或由于障碍物阻隔不能有效检测。毫米波生物雷达信号可以穿透非金属障碍物,满足这些不可见或有阻隔场合的需求,例如它可穿透衣物、被褥等障碍物实现体征信号的检测,在家庭日常应用中非常便捷。在功率足够大时,它甚至可以穿透砖墙、废墟等非金属障碍物,与超声等其它方式相比,克服了探测效果受环境杂物反射干扰及水、冰、泥土阻挡失效等问题,可以在地震、塌方等灾害情况下的伤员救援中发挥重要作用。

利用生物雷达检测体征信息不受环境温度、热物体和光照的影响,与激光、红外等方式相比,其较好地解决了探测效果受温度或光照影响严重、遇物体阻挡失效及误报率高的问题。

三、发展前景

本系统通过 LFMCW 雷达分离不同距离单元处的回波信号，实现对检测范围内多个待测目标体征信号的同步检测，化解了传统生物雷达仅能对单个目标进行检测的局限性，具有较强的科学性与先进性，并且相较于传统生物雷达降低了成本。系统能够满足多床位监护室等应用场景下的检测需求，在心血管疾病的治疗与防护等方面具有较为广阔的发展前景。

作者： 张博超　张海见　张丙梅　苏怀方　何润　魏宏博
　　　　李政　杜重阳
第三十届"星火杯"特等奖作品

19 《分形画板》软件

一、研究背景

分形，具有以非整数维形式充填空间的形态特征，通常被定义为"一个粗糙或零碎的几何形状，可以分成数个部分，且每一部分都与整体相似"，即具有自相似的性质。由于不规则现象在自然界普遍存在，因此分形几何学又被称为描述大自然的几何学，由此产生了以分形科学为基础的分形艺术。分形艺术作品体现出许多传统美学的标准，如平衡、和谐、对称等等，但更多的是超越这些标准的新的表现。本项目软件在强大的分形理论支撑下，能够通过分形思想，开发人们的创造性思维，使简单的几笔图画经过分形可以变成富有美感的图案。

二、创新原理

该软件界面引导如图 4-22 所示，画板主界面上有 8 个功能按钮，每个按钮功能不同，有调色按钮、模板按钮、清除按钮、撤销按钮、粗细按钮、全屏按钮、保存按钮、菜单按钮、通用按钮。在通用界面点击"分享给好友"按钮即可进入分享界面；点击"用户反馈"按钮即可进入用户反馈界面。

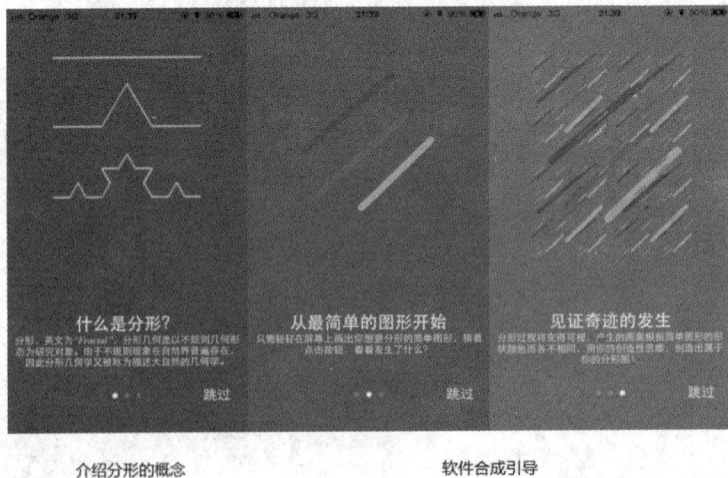

介绍分形的概念　　　　　　　　　　软件合成引导

图 4-22　分型画板界面引导

在通用界面点击"分形模式"按钮即可进入分形模式选择界面。在这个界面用户可以选择分形合成模式，目前本应用已实现了 6 种分形模式，分别是：

四分叠加模式，四分平铺模式，中心螺旋模式，中心旋转模式，左下扇状模式，右下扇状模式。用户选择分形模式后每种分形模式都会显示预览图供用户查看，其中涉及旋转的所有分形模式可以通过滑轮自定义旋转角度。

三、发展前景

分形艺术作品有内在的秩序，局部与整体的对称摒弃了欧几里德几何形式的对称让人感到呆板的感觉，其结构丰富饱满却不杂乱。混乱中的秩序，统一中的丰富，分形艺术作品形成的强烈视觉冲击力能带给人独特的审美快感，作品中蕴涵着无穷的嵌套结构，这种结构的嵌套性给了画面极大的丰富性。而《分形画板》的横空出世旨在让分形艺术的实现变得前所未有的简单，它没有 PC 上分形软件的复杂操作，同时也没有一款类似应用可与之相比，用户能使用《分形画板》完成完美的分形作品，感受分形学的魅力。部分优秀作品展示如图 4-23 所示。

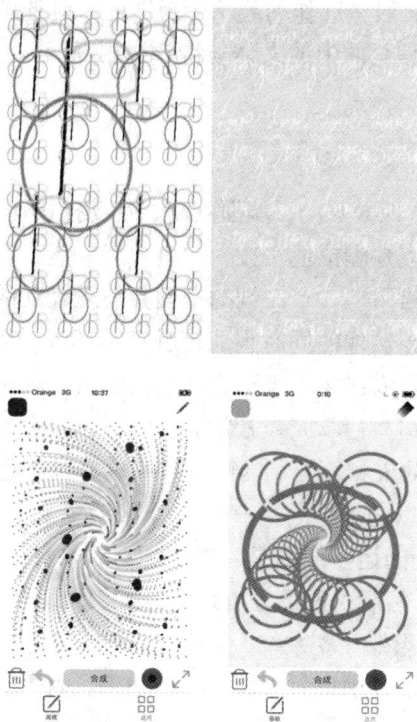

图 4-23 部分优秀作品展示

作者：SIM 团队

第二十六届"星火杯"特等奖作品

20 "光影随行" 交互式舞台

一、研究背景

　　随着经济和科技能力的提升，文化产业也在蓬勃发展。现今，绝大多数的舞台舞美会大量使用背景特效和灯光辅助等，在舞台表演时以预先设计好的背景在现场随时间播放，或者在演出现场拍摄之后经过处理，再在播放时叠加"附属特效"。因此，本团队制作了一套舞蹈辅助特效伴侣系统，摒弃现有的让舞者为预设好的特效表演的模式，使传感器设备追踪到人，并且识别人的动态及伸展幅度，为舞者肢体动作的起伏变换匹配"延伸效果"，该系统同时具备即时性和独特性，使画面中的人体与特效交相呼应。

二、创新原理

　　1. 互动投影系统(地面互动、墙面互动、互动投影)技术包括混合虚拟现实技术与动感捕捉技术，是虚拟现实技术的进一步发展。虚拟现实是通过计算机产生三维影像，提供给用户一个三维的空间并与之互动的一种技术。通过混合现实，用户在操控虚拟影像的同时也能接触真实环境，从而增强了感官性。互动投影系统基于动作跟踪技术，不适合任何投影机、液晶屏、LED 大屏幕、等离子、数字视频墙等(它将互动参与者的动作转换成图形图像互动反馈)。它自带实用的 24 套互动效果和可定制的高分辨率内容，并且实现了同行业中无与伦比的投影面积，可以满足不同用户的互动需求。

　　2. 互动投影系统的运作原理是：首先通过设备(感应器)对目标影像(如参与者)进行捕捉拍摄，然后由影像分析系统分析，从而产生被捕捉物体的动作，该动作数据结合实时影像互动系统，使参与者与屏幕之间产生紧密结合的互动效果。互动投影系统主要由信号采集、信号处理、成像部分以及辅助设备四大部分组成。

　　3. 本系统利用舞蹈辅助特效伴侣系统进行动作序列的识别。具体方法为：本产品借鉴视频及动画制作的方法，开发了一种基于关键帧的算法。动作序列如图 4-24 所示。该算法的核心是对多帧的历史数据(通常在 8 帧及以上)进行分析，判断当前帧的内容是否为对舞蹈内容有决定性作用的关键帧，即转折点。

该关键帧通常是在构成一组动作的基础动作间的交接处。根据深度学习的思想，提取出来的关键帧可以通过插值的方法，得到与原数据相近似的结果，是有效的抽象过程。在识别过程中，尽管每次使用者的动作都有或多或少的差异，但只要动作基本到位，作为基本动作的起始与结束点的关键帧就不会有较大的变化。故可以通过若干关键帧组成的序列，以最长公共子序列的方式进行匹配，识别动作内容。

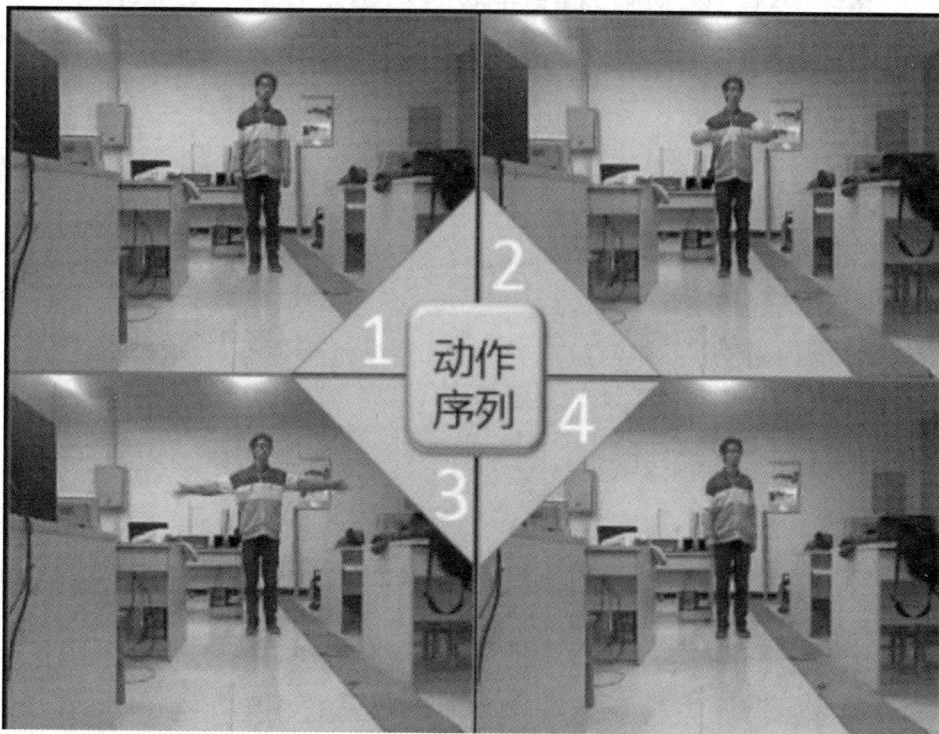

图 4-24　动作序列

三、发展前景

新奇的互动效果必然会吸引人的目光进而引导人流进行参观，同时好的设计和艺术效果为博物馆增加互动气氛；可以用作功能式来导引方向，比起以往用传统的指示牌来查询要更加具有亲合力；非接触式的交流更加人性化，同时减少了因人流接触而产生的细菌传染；新媒体艺术可以做成实时互动广告的形式，增加了博物馆的知名度，加深了游客对博物馆的印象，产生经济效益，一举多得。互动投影系统可以提供多种信息包括人们所想或所需的各种画面和图案，其独特方式打破了传统静态宣传毫无娱乐性的产品展示方法。在广告等方面，互动影音系统的出现代表着一种新型的现代广告模式的开始运用，极大地增强了对大众的吸引力，引起人群驻足观看和互动，宣传效果极佳。

作者：刘禹　马保　孙其功　李康　马若楠
第二十六届"星火杯"特等奖作品

21 海下射频磁共振无线充电电源

一、研究背景

20 世纪 90 年代以来，潜艇在水下战场中的作用已发生了明显变化，被越来越多地应用于近海海域以支援联合作战。在执行远洋任务时，海军的侦查及反侦查能力十分关键，因此需要建立全天候、全方位的侦查网络。特别是在水下，由于受水温、海水浓度等因素的影响，条件比较恶劣，水下侦查受到很多限制。当前使用较多的是通过水下无人航行器进行水下情况侦查。我们团队在借鉴以往研究成果的基础上，提出了水下无线方式充电的理论，可以从根本上解决水下无人航行器充电自动化程度低的缺点，同时也克服了水下复杂环境对电池充电的影响，大大提高了工作效率。

二、创新原理

1. 在行业领域方面，本电源采用磁共振方式无线非接触给海下无人航行器实现充电，原理如图 4-25 所示，提高了海下无人航行器的工作效率和整机可靠性。在技术方面，采用射频开关电源技术，包括射频状态下的开关管驱动电路设计、PCB 设计、保护电路设计等；采用数字电源技术，实现数字环路控制，工作状态实时调整等；采用射频模式下的 EMC 设计技术，保证系统可以适用于复杂的电磁环境；另外，软件代替硬件的设计理念，降低了成本，提高了产品的可靠性；采用优化的人机操作界面，实现充电机工作状态清晰获取和准确控制。

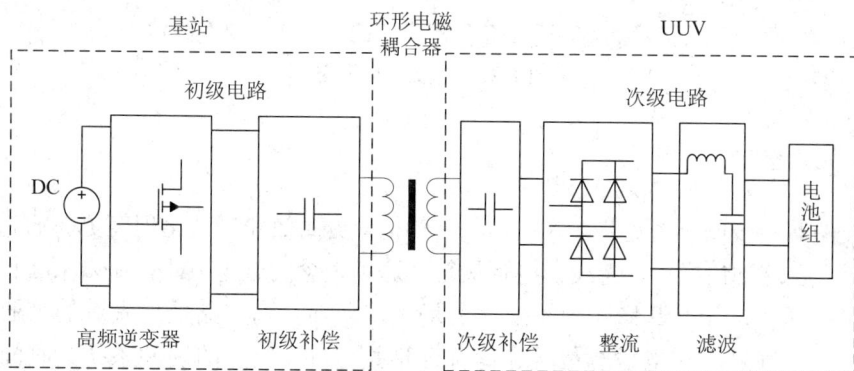

图 4-25 电磁耦合器方式无线充电原理框图

2. 本项目采用 PFC-Buck DC-DC 电源变换和全桥控制技术。在发射端，工频电源经过全桥整流成直流电，经过 BUCK 型 DC-DC 变换拓扑，然后通过全桥 H 桥电路，在 PWM 控制器的控制下，产生射频频率的方波信号，通过连接不同的谐振线圈，输出所需频率的正弦波信号。在接收端，使用和发射端同频率的接收线圈，将射频无线信号转换成电能，给接收端的电池充电，达到无线充电的目的。

3. 本产品主要实现了调节功率、调节频率、可视化界面、过流、过压保护和阻抗自匹配等功能。其中用到了功率和频率可调的正弦波输出，通过上位机和按键界面来设置功率和频率等方法，实现了具有过流、过压等多种保护功能和高可靠性的产品功能。由于本射频电源设计有过压、过流保护，故当充电信号过压或者过流时，能立即唤醒保护功能，将充电信号的电压或电流控制在安全范围之内，防止对后级的无人航行器造成损坏。该电源还具有阻抗自动匹配功能，可以对各种阻抗特性的水下无人航行器进行充电，无线充电系统原理如图 4-26 所示。

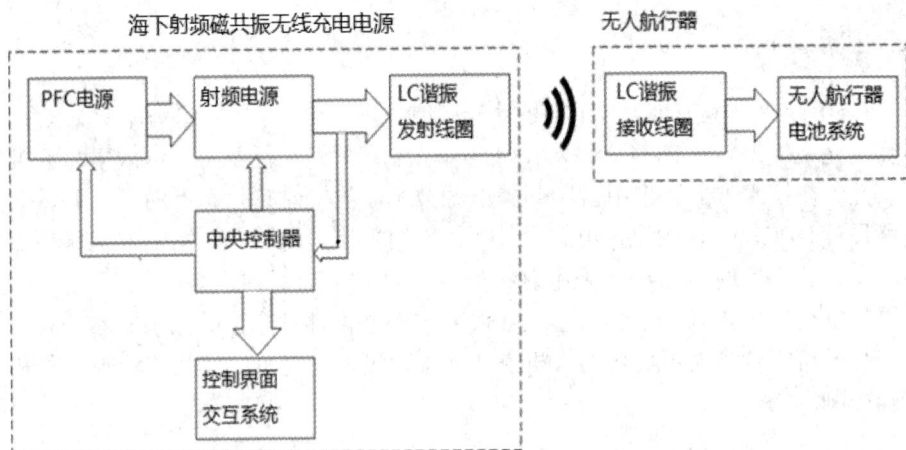

图 4-26　系统原理框图

三、发展前景

随着科技的不断进步，人们追求更便捷、更高效和自动化程度更高的充电方式，在这种情况下，无线充电是最符合这种理念的充电方式，在未来必将得到更广泛的应用，其影响力不亚于一场技术革命。本产品采用先进的工业级芯片，电气隔离和电磁屏蔽设计均符合相关标准，装置的硬件系统具有高抗干扰能力和工作可靠性；本产品可以实现输出电压和输出频率可调整的正弦波信号输出，具有过压、过流和过温等多种异常情况的保护功能。可以通过键盘和上位机两种方式进行输出信号的控制，操作界面友好。随着技术的不断进步和完善，无线充电技术一定会在各个领域落地开花，遍布我们生活中的方方面面。

作者：李凯利　杨钊　卢圣健　刘鹤　付家瑄
第二十八届"星火杯"特等奖作品

22 黑飞克星——基于软件无线电的反无人机系统

一、研究背景

近两年来民用无人机的数量增长异常迅猛。从 2014 年开始，大疆、零度智控等一系列专业民用无人机生产商家开始进入消费者的视野。然而由于缺少一套对民用无人机完整而严谨的管理规范，多数消费者并未接受过专业的培训，对民用无人机的飞行规定陌生，使得民用无人机"黑飞"现象愈加严重。民用无人机的"黑飞"现象对社会治安、人民安全、隐私保护等方面都有极其严重的威胁。经过深入研究，从降低价格与风险、提升打击效果、减少环境依赖性的角度出发，本参赛小组提出了基于软件无线电的反无人机系统。

二、创新原理

1. 本系统根据不同的场景需求，可以提供便携式和自动式两种装置。其中便携式装置所使用的枪体结构具有可拆解功能，可随盒状干扰子系统一同放入背包中，便于携带移动，具有很高的移动性。而自动式装置除了集成干扰源外，同时具有雷达与云台装置，其中雷达具有搜索功能，可及时发现目标无人机；而云台装置处理雷达所传出的目标位置信息后，能够实现天线对目标的实时跟踪。反无人机平台主体框架如图 4-27 所示。

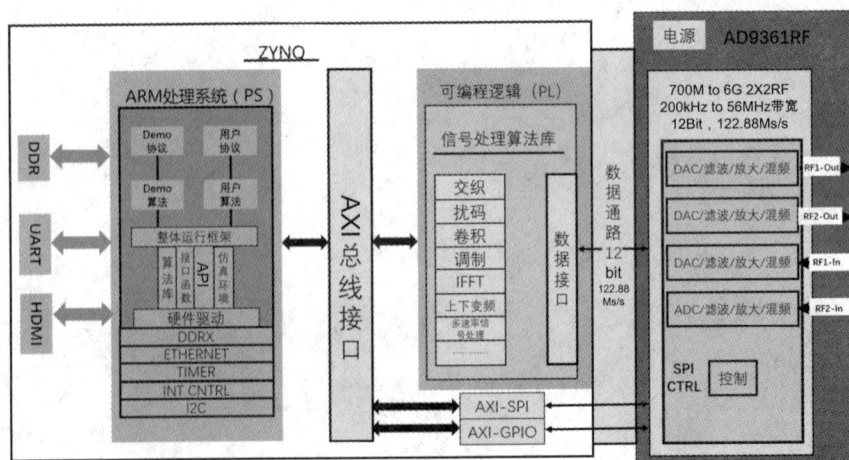

图 4-27　反无人机平台主体框架

2. 本作品通过软件无线电产生大功率干扰信号以及伪 GPS 通信，同时对民用无人机上的飞控以及 GPS 接收机进行干扰，可实现夺取部分特定机型飞行控制权的效果。大功率的干扰信号能使无人机的接收器达到"通信饱和"的状态，从而切断无人机与飞控之间的通信，造成无人机自动返航。本系统截取民用无人机的通信信号后经过频谱分析得到通信信号的跳频频点，然后系统产生相应频点的大功率噪声信号对无人机通信信号进行针对性频谱压制，从而让无人机返航或迫降，通信信号压制工作原理如图 4-28 所示。

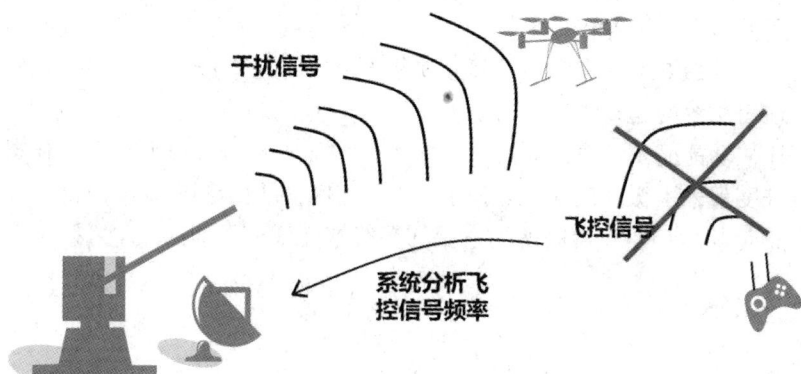

图 4-28　通信信号压制工作示意图

本系统的三种干扰模式可独立工作。一般地，系统按照以下优先级顺序进行干扰工作：GPS 欺骗、转发式欺骗型伪信号干扰、通信信号压制。这种优先级顺序能够最优化地实现对"黑飞"民用无人机的管控，达到了节能省电的效果。

三、发展前景

本系统可以弥补市场同类产品的使用模式单一、使用场景少、使用时影响其他电子产品的特点，市场潜力很大，市场前景可观，具有极大的竞争力和推广价值。在可预见的未来，这套反无人机系统可以最大程度地降低因"黑飞"引发事故的可能性。方便地解决了工作人员和安保人员在面对"黑飞"时束手无策或过度浪费资源等问题。另一方面，本系统安全性高，成本较低，且不会对无人机造成损害，有效解决了因暴力摧毁可能引起的纠纷问题。

作者：张　珂　郑子春　李召林　王正帅　梁俊杰　蒋　迪
　　　张兆涵　陈林卓
第二十八届"星火杯"特等奖作品

23 面向多模 FPGA 调制解调系统的多终端无线交互设备

一、研究背景

FPGA(Field Programmable Gate Array,现场可编程门阵列)是一种半定制电路,自面世以来在计算机、数据处理、通信、工控、军事等诸多领域得到了广泛的应用。但 FPGA 也存在着短板,就是不具备显示功能。为了获取 FPGA 上搭载的通信系统的运行参数,科研人员往往会专门编写相应的计算机程序,这些程序往往功能简单,面向对象单一,不仅增加了科研人员的重复工作量,也给科研进度带来了极大的影响。为了解决 FPGA 的显示问题,我们设计开发了这款"面向多模 FPGA 调制解调系统的多终端无线交互设备"。

二、创新原理

1. 在此次开发中,我们选择了 iTOP-4412 开发板(以下统称 ARM)作为我们的开发设备,使用 Android 嵌入式操作系统作为应用环境,Java 作为主要开发语言。以 FPGA 与 ARM 之间的通信模块交互实现对 FPGA 传出数据的监测和接收。服务端(ARM)的人机交互功能主要依赖显示屏来实现。ARM→终端(Server→Client)模块主要实现从服务端到客户端之间的数据传输和接收。FPGA 部分基本构成如图 4-29 所示。

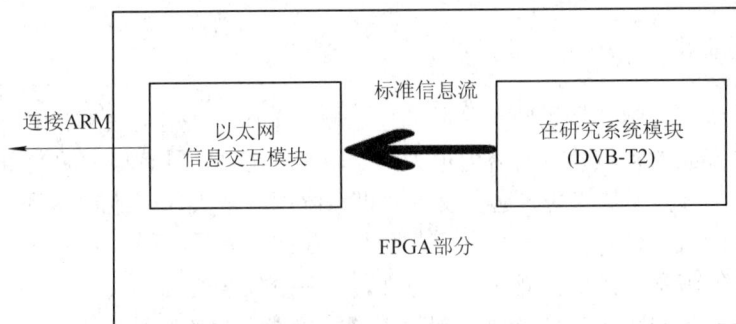

图 4-29　FPGA 部分基本构图

2. 首先,本设备首创了无线交互方式,改变了以往直接操作或计算机有线连接的交互模式,使科研人员可以借助笔记本电脑、智能手机等终端设备方便地与 FPGA 进行交互。

其次,为了提高设备的通用性,我们在设计开发的同时提出了新的通信模式，即约定传输数据。在 FPGA 模拟器中，我们以代码的方式内嵌了数据的标准格式，这令我们开发的设备可以忽略 FPGA 上通信系统的具体内容，实现对包括 4G-LTE、DVB-S2 等多种多领域通信系统的兼容，大大提高了设备的通用性。

最后，我们针对通信系统运行参数种类多、信息量大等特点，进行了可视化方面的优化。通过星座图、颜色标识以及仪表盘等多种直观生动的形式，对各类参数进行展示，帮助科研人员在定时刷新的情况下快速了解通信系统的运行状态。

三、发展前景

就通信行业而言，4G-LTE 网络、DVB-S2 标准以及各类卫星通信试验均依赖 FPGA 来进行，可以说，FPGA 是通信领域内极其重要的科研设备。此项目帮助解决了 FPGA 无法显示的痛点，并且实现了多操作系统平台覆盖。借助客户端程序，科研人员可以对通信系统的码率(Code Rate)等二十多个参数进行配置，并且程序针对性地优化了显示模式，对参数数据做了可视化的处理，帮助科研人员在参数定时刷新的条件下快速获得通信系统的性能信息。这些优势将帮助科研人员减轻重复性的基础工作，有效提高科研效率，目前设备已经在 ISN 国家重点实验室的部分 863 计划等重点项目中进行更深入的应用工作。今后我们的设备将在通信研究，包括卫星通信、宽带网络、手机蜂窝网络等多个领域内发挥重要作用。

作者：宋佩阳　沈亮　黑乐　常益嘉　金宣成　王越　万知雨
第二十六届"星火杯"特等奖作品

24 妙解体语——基于机器学习的多计算机控制器

一、研究背景

智能化时代,要求机器能和人类一样进行交互,并且多计算机切换器急需在切换部分进行优化改善,与此同时,卷积神经网络的出现,带动着机器视觉处理的飞速发展。为了实现切换器智能化,使机器读懂人类的行为,本项目团队设计了一套基于多计算机切换器的智能交互设备,包括用户姿态检测和计算机切换控制两个子系统。

二、创新原理

1. 本项目以 KVM 切换器的选择功能为出发点,以加快外设选择器的性能为目标,将卷积神经网络与 KVM 切换器相结合,减少切换器的切换时间,同时引入 AI 芯片,并针对该 AI 芯片的约束条件设计了相关的神经网络,使得该芯片更切合 KVM 切换器的功能应用。

用户姿态检测子系统由环境图像采集模块和姿态计算模块组成。本项目在环境图像采集模块中使用摄像头采集周围环境的信息。姿态计算子模块基于AI 芯片特有的加速功能,利用两级级联的卷积神经网络、K 近邻和 K-Means等算法判别出空间中用户的姿态,之后通过独特的蝶形算法加速神经网络,把对环境的扫描频率从每秒 5 帧提升至每秒 15 帧。计算机外设切换控制子系统由控制底板和受控副板组成,此系统使用一个底板、多个副板堆叠的独特设计,针对不同的外设都有相应的接口。此设计还将设备的功耗降低至 0.7 W,符合绿色环保的设计要求。

2. 本项目创新性地提出了智能多计算机控制器的概念,将级联卷积神经网络与计算机控制技术相结合,利用 AI 芯片,对用户的使用状态进行准确判断,同时还能判断用户身份,提高了设备的安全性能。

并且,本项目利用 FDDB 人脸数据集,在经过 40960 次训练之后,达到了五点特征点定位总定位平均误差 10 个像素的效果。

三、发展前景

IT 商用市场规模巨大,且在"中国制造"的倡导下,计算机在经济发展中的作用越来越重要，数字 KVM 切换器的市场潜力非常大。本系统技术完整，性能可靠，工作稳定。操作简单，相比于传统的切换器，本项目提高了多机系统的工作效率，能够很快很好地应用到计算机领域。所以，在整个外设选择器领域，它具有巨大的市场潜力和实用价值。在"智慧未来"概念的普及下，本项目具有显著的社会价值和经济效益，市场前景广阔。产品的应用场景举例如图 4-30 所示。

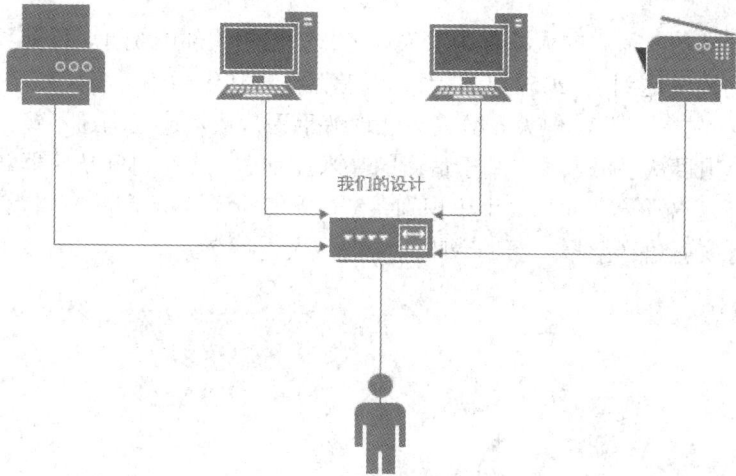

图 4-30 "秒解体语"的应用

作者：吴锦煊 白文龙 宋琨鹏 王明冲
第三十届"星火杯"特等奖作品

25 妙手回声——基于毫米波雷达的手语翻译系统

一、研究背景

有语言功能障碍的人被称为"失语者"。据相关部门统计,目前我国"失语者"的数量达到了 2057 万。"失语者"在日常生活中大多采用手语(如图 4-31 所示)进行交流,但大多数人无法理解手语,依然造成沟通不畅。针对此问题,本项目从手语入手,基于最新的毫米波雷达、飞行时间传感器和深度学习技术开发出了一套便携式手语识别系统,能够检测分析手语,并将其对应的含义进行实时语音播报,帮助聋哑人与健全人进行交流。

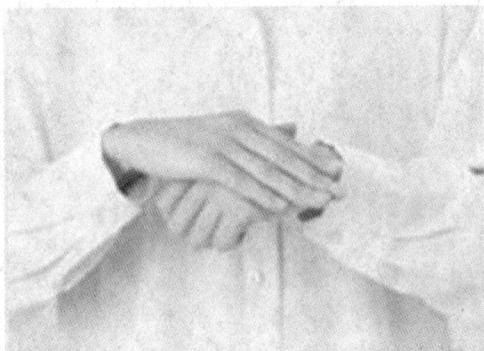

图 4-31 "手语"示意图

二、创新原理

1. 通过对雷达的研究与思考,我们将新兴高端技术毫米波雷达和飞行时间传感器推广到手语识别领域。毫米波雷达前端采用 FMCW 线性调频连续波技术,发射并接收物体反射的电磁波,通过相位和多普勒效应,能够以较图像更低的计算量获得物体的距离、速度及角度信息,同时这对一些材料具有很好的穿透性,不受光线等环境因素的影响。飞行时间(TOF)传感器辅助系统,能够向目标发送连续光脉冲,并通过传感器接收从物体反射回的光线,计算得到目标物体距离。再将 TOF 传感器得到的深度数据进行处理,能够大致还原人手在空间上的分布,以此作为精准语义推断的依据,保证手语动作特征精简性的同时使信息能够全方位还原手部和肢体运动。后端通过运行于 Jetson Nano 异构计算核心的三维卷积神经网络和循环神经网络进行特征提取和分类,最后通过语音合成播报手语含义，从而使整套设备在系统层面上实现资源的最大化利用。

2. 本作品创新地使用毫米波雷达和 TOF 传感器实现了手语翻译功能，可识别 1～2m 范围内的 18 个常用手语动作，不受环境因素干扰，并且基于数据驱动的神经网络，可通过采集到的数据进行训练，识别新手语，可识别的手语数目将不断增加。而系统体积较小、功耗较低，能通过锂电池供电，具有轻巧便携、抗干扰性强、实时性和准确率高的特点。本系统不仅能够实现提取手语动作特征的精简性和完整性，并且迁移和改进了三维卷积神经网络算法，使整套设备在系统层面上实现资源的最大化利用。经实测，系统能识别 18 种常用手语动作，分别在训练集、测试集达到了 96%、94.2% 的准确率。

与国内产品相比，解决了现有手语识别臂环可识别手语数目较小的劣势；与国外产品相比，解决了数据手套穿戴复杂、设备昂贵的问题，还避免了视觉图像识别方案稳定性差、对计算量要求较高的缺点，可以在多种场景下应用。

三、发展前景

当前全球至少有 2.5 亿人有听力障碍，中国的聋哑人口是全世界国家中最多的，仅 2010 年末，我国听力残疾人数达 2054 万人，而且每年新增聋哑儿童 3 万人左右。由此可见，手语识别产品具有庞大的用户群体，在未来大有可图。手语识别产品作为聋哑人和健全人之间的媒介，可以帮助聋哑人和健全人交流，充当手语翻译；与语音识别技术结合起来，将语言变成手语手势，可以形成一个双向的手语交流系统；与文字识别技术结合起来，把文字变成手语手势，可以让聋哑人像健全人那样收看新闻，阅读书籍报刊，使用计算机、智能手机等；若应用在教育领域，则可以让聋哑学生像身体健全的学生那样接受良好的教育，促进他们健康地成长并有自信成就自己的未来；同时本作品也能应用于电影制作中的特技处理、动画制作、医疗研究、游戏娱乐等诸多方面。本作品从实际应用出发，实现了科技服务社会，具有强大的市场潜力、可观的市场前景、较高的市场竞争力和推广价值。

作者：王禹淙　王　焕　彭　烨　曹思慧　廖中国　李　昕
　　　　任　淦　张嘉宇
第三十届"星火杯"特等奖作品

26 乾天驭爪——智能空中作业机器人

一、研究背景

当前无人机主要用于航拍等消费级市场,在行业级应用方面的开发程度很低。目前市场上存在着悬崖等危险地带垃圾清理难、核废料等危险物品清理难、抢险救援精准放置传感器难等行业痛点问题。我们针对这些问题,设计了一款智能空中作业机器人。如图 4-32 所示为无人机用于抗震救灾。

图 4-32　无人机用于抗震救灾

二、创新原理

1. 本方案用一个六旋翼无人机作为平台,机臂末端连接电机和电调,无人机最上方安装有一个云台和激光雷达,用于生成障碍物点云图从而感知周围障碍物。无人机前下方倒置一个三轴云台和运动摄像机,用于操纵者观察正前方视频画面。在自动驾驶方面,基于 Guidance 视觉传感导航系统和激光雷达避障设备,结合 Cartographer 算法、生成对抗网络、强化学习中的 Q 学习算法实现高可靠性精准避障;差分双 GPS 定位、多目视觉、光流、超声波辅助定位等多种定位方式融合实现毫米级精确定位;在空中作业方面,机器人安装有3+6 多自由度双机械臂,机械臂上搭载视觉感知模块并应用了学术界最新的IKFast 算法,可自动感知周围障碍物并计算出最优运动路线;在目标识别方面,结合无人机的机载人工智能系统,研发出基于机器学习的智能目标识别定位算法，准确识别定位出目标物与异常点；在充电收纳方面，结合基于计算机视觉技术的运动目标追踪和精准定位，设计了一款无人机自动充电收纳仓，并利用太阳能充电和机械臂自动更换电池实现对无人机的电量补给，扩大了空中作业的覆盖范围，打造出全天候、长续航、全覆盖式的智能空中作业机器人。

2. 多项创新和技术融合，综合应用了精准无人机定位、无人机自动控制等技术。采用 MANIFOLD 妙算机载电脑，拥有 PC 独立显卡级别的绘图能力，可以充分带动图像识别、自动控制、避障算法，高效准确地完成自动化、半自动化作业。

基于强化学习、计算机视觉、无人机自动控制等技术，拥有较高的自动化程度，清理效率高。可以灵活高效地完成核废料清理、险情抢救时关键设备布局等任务。并且采用 3+6 自由度双机械臂配合作业，具有环境感知的功能，可自动感知周围障碍物并规划运动路线。

三、发展前景

2010 年之后，我国工业无人机的市场规模扩张迅速。随着国家政策逐步落地，市场发展愈发成熟，我国无人机产业或将迎来新一轮爆发。目前在航拍、农业、植保、微型自拍、快递运输、灾难救援、观察野生动物、监控传染病、测绘、新闻报道、电力巡检、救灾、影视拍摄、制造浪漫等领域的应用，极大地拓展了无人机本身的用途。相比消费级无人机的火爆，工业级无人机市场虽然发展缓慢，但前景巨大。我们研发的这款智能带臂无人机，着力点主要为提高无人机智能化水平，扩展无人机的用途。在巨大的市场和逐年提高的人工成本中，本项目提出的智能带臂作业机器人无疑是一种高效、安全而且市场需求极大的解决方案。

作者：汪 强 吕瑞涛 陈沛彦 赵 典 战林均 李妍榕
　　　赵思诣 闫 傲
第三十届"星火杯"特等奖作品

27 全量化自动分割与三维重建的虚拟现实会诊系统

一、研究背景

为了预先了解患者复杂的器官解剖结构和病理变异情况，并制定手术方案，医生必须进行精准的术前规划。术前会诊有助于降低手术风险、保证诊疗效果，是医学临床的关键环节之一。然而，传统会诊过程的效率和精准性有待进一步提高。因此，项目组设计了一套全量化自动分割与三维重建的虚拟现实会诊系统，辅助医生高效、精准地分析诊断病情，规划并评估手术方案，同时为国家精准医疗计划的进一步发展做出贡献。

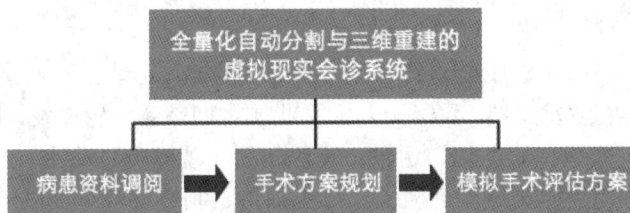

图4-33 本会诊系统架构示意图

二、创新原理

1. 本系统帮助医生自动分割医学影像，并且提供器官、病灶体积和病灶血管间的三维空间距离等全量化信息，有效帮助医生提高会诊的效率；其次，支持医生在虚拟现实环境中观察高精度的三维可视化模型，医生可结合全量化信息预先对患者病灶、血管的构造进行客观、全方位的观察，进而开展更精准的术前规划；同时，系统为医生与三维重建图像进行实时交互和进行手术方案模拟操作提供了平台，并且在手术规划过程中，系统随着医生的虚拟切割操作对器官、病灶的体积以及相互空间关系等进行动态化定量评估，进一步提高了术前会诊的效率和准确性。本会诊系统架构如图4-33所示。

2. 团队结合自动种子点获取的种子区域生长算法和改进的Snake模型，实现了二维医学影像的自动分割处理，相比手动分割法，可以大幅度提高工作效率和精度。

根据医生对三维重建器官模型的虚拟切割操作实时计算残余器官体积、切割器官体积等一系列参数，提高了手术方案的精确性和安全性。

3. 利用虚拟现实环境中三维重建器官模型的显示与交互将虚拟现实技术应用于术前会诊过程，给医生带来了真实手术中的感受并可与器官进行实时交互操作；突破了当前三维可视化软件只能提供平面观察视角，难以全方位、直观展现器官解剖结构、病灶位置等的局限性。

4. 团队还自行开发了 VR 直播应用，将 VR 控制端、电脑桌面端和 VR 显示直播端连接形成完整的术前会诊网络，使参与会诊的医生共享虚拟现实画面，实现多学科精准会诊，本系统在实际应用中的使用方法如图 4-34 所示。

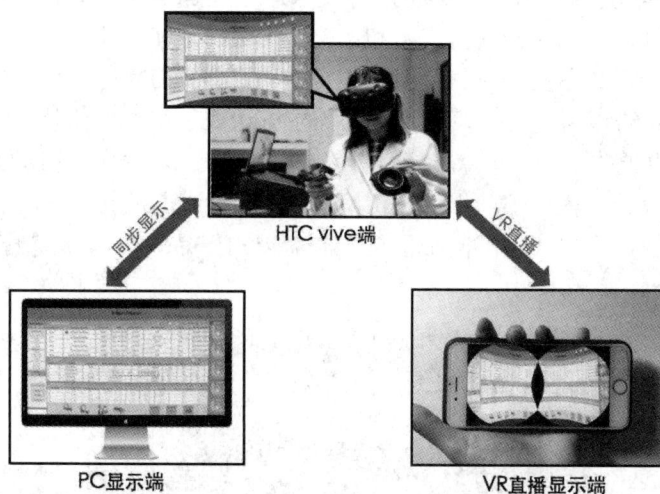

图 4-34　全量化自动分割与三维重建的虚拟现实会诊系统使用方法示意

三、发展前景

当前我国医疗卫生机构住院人数及手术人次不断增加，并呈现出继续上升的趋势。这套虚拟现实会诊系统可帮助医生实现自动分割医学影像，清晰观察具有高度真实感的三维重建图像以辅助手术规划，进一步提高器官体积等数据的测算效率和精度等，功能全面，系统稳定，且市场转化能力较强，可为我国医疗卫生领域带来一定的经济效益和社会效益。

作者： 李　萌　滕思聪　叶　宁　李云鹏　段　赟　于京平
　　　　袁一歌　张扬帆
第二十八届"星火杯"特等奖作品

28 快速成型 3D 打印示教机

一、研究背景

3D 打印机是现在并行工程中进行复杂原型或者零件构造的有效手段，可以极大程度降低新产品开发的成本和风险，然而目前市面上存在的 3D 打印机及其系统造价极其昂贵，对材料要求也是非常严格，3D 打印过程也需要较强的专业技术，给该新型技术及其设备的需求方造成了很大的困扰。为此，本设计作品提出并制作了一款简单便捷功能完整的 3D 打印示教机用于教学演示，在为高等院校及相关机构部门提供可供解释 3D 打印原理及其技术的演示教具的同时，可快速成型出满足不同个性化定制需求的产品。本 3D 示教打印机实物如图 4-35 所示。

图 4-35　3D 示教打印机实物

二、创新原理

1. 本设计作品以现行市面上的 3D 打印机为基础，利用简单而且精巧的机械结构，结合机电一体化技术，加上相对简单的电子方面的知识，以及控制原理，最终设计出一款架构简捷可实现简易结构打印功能的可演示性教具。该教具即 3D 快速成型打印机，可以实现简单的 3D 打印功能，使机械结构和工艺路线设计尽量清晰明了，并且其简单的机械结构既可节省开支亦可供小型加工使用。

2. 在结构上有较大创新。相比于传统的丝杠驱动的升降平台，本产品创新性地使用了一个电机驱动、螺纹传动、剪叉式机构构成的升降工作平台，并自主设计了一个可用于定位、打印、协同运动的控制系统，自编控制软件，实现了系统的集成功能，尤其可实现对本作品中多轴的协同运动控制。

3. 在使用领域上有一定创新。有别于面向工业应用的 3D 打印机，本产品基于教学演示功能，利用简单且精巧的机械结构，结合机电一体化技术，辅以电子及自动控制原理方面的知识，设计了一款架构简捷、可实现快捷成型功能的可演示性 3D 打印示教机，可以实现完整的 3D 打印功能，同时机械结构和电路设计也是简洁明晰，便于观察，可作为机械类相关专业课程的教具。

4. 在用材思路上有一定创新。选用具有良好的抗拉强度及延展度的 ABS 成型材料、控制其融化温度与整体 3D 的打印运动过程的协调、含材料的喷头布置方案以减少其惯性力对运动精度的影响，用材的创新体现在采用较低的成本价格实现了完整的 3D 打印功能，且机械结构精巧，打印原理清晰，运动控制精度较高。

三、发展前景

随着行业的发展，3D 打印机的使用使得产品设计和模具生产能同步进行，降低了开发的成本与风险，使用范围也日益广泛。然而打印过程的预处理件和驱动软件开发与使用也需要较强的专业技术，目前大多数高等院校及研究机构的学生都很难有机会亲身体验这一新技术及设备，这就给用于教学演示的打印示教机带来了广阔的市场。而本产品经实验后的结果表明，工作性能稳定，且具有一定的打印精度，作为低成本演示教具具有较好的推广价值，潜在的市场需求体量巨大。

作者：周　博
第二十六届"星火杯"特等奖作品

29 灵翼——垂直起降固定翼无人机软硬件系统

一、研究背景

无人机具有体积小、飞行速度快、机动灵活、无人驾驶等优点，在许多行业，特别是环境恶劣、危险性高的领域，具有很高的应用价值。然而，目前传统固定翼无人机起降受场地及飞手水平限制，使用难度较高，与此同时当前大多数无人机是将飞行任务中采集到的数据带回地面进行处理，难以保证其实时性和稳定性，可能对现场指挥带来影响，从而导致较严重的后果。本作品针对行业痛点，研发了一套垂直起降固定翼无人机软硬件系统，图 4-36 为样机试飞示意图。

图 4-36　样机试飞示意图

二、创新原理

1. 本作品设计了一款倾转机翼的垂直起降固定翼无人机，结合了旋翼机起降方便、悬停灵活以及固定翼机续航时间长、载重大等两方面的优点，基于机载嵌入式 GPU(目前采用英伟达 TK1)，开发了一系列计算机视觉和人工智能系统，并可以根据行业需要，定制化地开发与之对应的软件系统，在较大程度上提升了无人机的智能化水平。基于嵌入式 GPU 的卷积神经网络框架，本作品对卷积神经网络方法进行优化，在优化网络层数和参数的同时，使用行业图像与视频完成迁移学习，保证系统整体性能处于较优的水平。基于地面标志物的自动降落系统，通过对地面标志物的检测与跟踪，以克服传统卫星定位产生的误差，辅助无人机精准降落于固定地点，更好地提升产品性能。

2. 在无人机起降方式上有一定创新，采用了倾转机翼的方式实现固定翼无人机的垂直起降，克服了目前市场上大多数固定翼无人机起降困难，无法悬停的难题。另外，较之 V-22 "鱼鹰" 所采用的倾转旋翼机方案，本作品在无人机起飞上升阶段能够有效减小空气阻力。

3. 在产品结构上有创新，四个螺旋桨采用梯形气动布局，前后机翼上分别设置有螺旋桨动力装置，安装于前机翼的两个螺旋桨动力装置的轴距小于安装于后机翼的两个螺旋桨动力装置的轴距，从而降低前后翼及螺旋桨之间的相互干扰，能够较大程度地提升无人机在固定翼巡航模式下的气动效率以及飞行性能。

4. 在系统自动化运行上有创新，本系统可一键完成任务，这是较之传统固定翼无人机最大的优势之一。在地面上可以设置自动起飞地点、作业任务、巡航线路、自动降落地点等关键信息，之后无人机可以自动完成任务。目前本作品已完成航拍航测任务的一键式完成。

三、发展前景

本作品针对现阶段行业无人机的两大痛点，研究出一种倾转机翼型垂直起降固定翼无人机，并在其上搭载嵌入式 GPU 智能信息处理系统。在满足续航时间长、作业半径大、起降方便、悬停灵活等基本要求的基础上，还进一步提高了无人机的自动化水平，使其在行业应用中更能发挥出无人机本身的巨大优势。试飞结果也充分表明，与目前市场上常见的对标产品相比，本作品具有一定优势，具有较大的市场潜力，相信本作品量产后，可以部分解决目前行业无人机所面临的痛点，使其应用于更为广阔的行业领域，进而节约人力资源，提升作业效率，为我国的经济发展做出贡献。

作者： 杨生辉　刘崇浩　段育松　李　鑫　张志宏　方　镇
第二十八届 "星火杯" 特等奖作品

30 万象视界——可阵列的空间立体显像仪

一、研究背景

随着市场对 3D 电影、虚拟现实、增强现实等虚拟三维世界的探索愈发深入，采用增强二维图像立体感的伪三维显示技术逐渐凸显出其特殊地位，但目前已存在的产品和技术也逐渐暴露了其设备价格高昂、存在视觉盲区、无法多人实时观看和交互等缺陷。针对以上问题，本团队研发出一种全新的空间立体显像仪，实现了可供裸眼观看的全视角三维成像，为实现"真三维"显示提供了全新的解决方案。本显像仪样机如图 4-37 所示。

图 4-37 可阵列的空间立体显像仪样机

二、创新原理

1. 本项目包括三大核心子系统：基于空间扫描算法、GPU 加速渲染和树形存储高速传输方案的模型体素化子系统；基于数字光学投影技术的体素激活子系统；基于曲轴往返振动结构和激光校准技术的可阵列空间生成子系统。产品采用动态屏技术，通过屏幕往复垂直运动，形成体素成像空间，搭配高帧率投影，实现了可供裸眼观看的全视角三维成像，用户可通过键鼠、手柄进行多人实时交互。同时，设备单元可通过阵列拼接进行成像空间的平面扩展，为用户量身定制特殊尺寸的显示系统。

2. 本作品开创性地使用了平动扫描式体三维成像技术，综合考虑了现有技术手段与设计目标，将物体三维模型切成一层层平面图像，通过光学投影设备投射每一层图像，同时使附有全息膜的机械结构高速往返振动，借助激光校准实现投影和机械运动同步，使每一层图像显像于物体的真实三维空间处，借助人眼的视觉暂留现象，通过二维图像高速叠加，重构物体真实的三维立体图，实现真正的体三维投影。

3. 在图像编码技术的创新方面，采用高效率编码技术结合 GPU 加速，做到了每秒钟 5760 张图像的处理与传输，突破硬件算力限制。利用五种感光元件进行反馈校准，把机械运作误差降到了万分之一以下，可连续不间断使用 2 万个小时以上。

4. 在产品设计创新方面，引进 DLP 数字光学处理技术，阵列数千块平面镜，做到了每秒钟投影 4000 帧图像，是普通 120 帧投影的 33 倍。完成了双台份高、低点合并机械设计，实现了多台产品的无缝空间阵列，从而根据用户具体需求提供大尺寸三维显像方案，实现了多人实时人机交互，可对显像内容进行任意移动、旋转、拆分与缩放。

三、发展前景

在军事方面，通过这种裸眼全视角三维显示技术的使用，对于战场环境的精确模拟就变得十分有效；在医学方面，目前，在进行介入疗法时，采用两台平面显示器来定位，定位不易准确，而使用立体显示器，则可以获得真实的三维图像，帮助医生准确地定位；在 CAD/CAE 方面，通过直接观察立体图像，将提高产品的设计效果和质量；在广告业，采用该种显示器来显示需要演示的产品，既能提供真三维效果，同时，又减小了真实样品的损坏率。此外，随着技术的发展，以后在游戏开发、家庭娱乐等各个方面都将有更多、更好的应用。总之，本设计功能实用，性能稳定，技术成熟，同时还保证了较为合理的价格，在市面上严重缺乏同类及相关产品的情况下，本项目市场前景良好，上升空间巨大。

作者：赵　珂　曹羽成　陈致远　韦运泽　吴　琪　杨淅喻
　　　　夏　天　庄陈敏
第三十届"星火杯"特等奖作品

31 无人机机场管家——基于 UWB 定位的无人机机场调度方案

一、研究背景

随着时代的发展，无人机已经在很多行业得到应用，如物流行业需要大规模的无人机机群来完成配送任务。但是，现在的无人机机场对无人机的精准控制、无人机间的避让、宏观调度等功能都未能良好实现，致使无人机机场容纳飞机数量少，空间利用率低，而且在多架无人机同时起降的过程中，存在易发生碰撞、炸机等安全隐患。本项目针对上述痛点，研制了一套基于 UWB 定位技术的无人机机场调度方案，旨在解决多架无人机在降落过程中的安全性、高效性、精准度问题。利用 UWB 定位技术提高无人机降落过程中的精度，可实现大规模的行业无人机自动化，以适应市场和未来的需求。图 4-38 为本项目多个无人机加入后的路径规划算法流程。

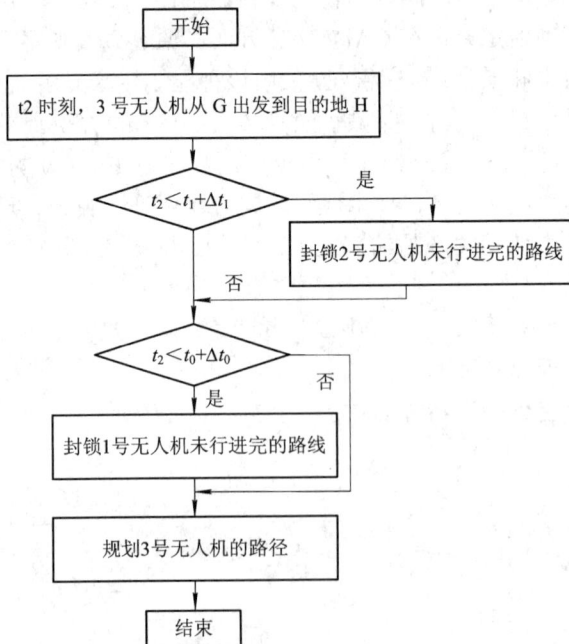

图 4-38 多个无人机加入后的路径规划算法流程图

二、创新原理

1. 项目设计的无人机机场解决方案分别由 UWB 定位模块、智能信息处理模块和操作与调度模块组成。UWB 定位模块负责无人机降落位置的精准定位，采用 UWB 定位技术，通过多个基站测距得出无人机降落的精准位置，并向计算机反馈信息；智能信息处理模块接收 UWB 定位模块传输来的数据，对数据进行误差分析与滤波处理，并根据数据对无人机进行动态目标跟踪、路径规划以及降落调整，实现无人机的智能调度与避障，使无人机安全、高效、精准地降落；操作与调度模块将前两个模块的工作过程进行可视化，可以实时更新显示当前以及预测的无人机的位置数据，辅助工作人员进行检测与调度操作，实现对多架无人机的宏观调度。三个模块互相衔接沟通，共同组成了基于 UWB 定位技术的无人机机场解决方案。

2. 项目首次创新性地将 UWB 技术应用于无人机机场中多架无人机的起降场景，配合数据处理算法、调度规划算法和可视化的操作界面，对多架无人机进行规划调度以及智能避障，可以在无人机机场中对多架无人机达到很好的控制效果，真正通过 UWB 定位技术实时获取无人机的精准位置数据。

3. 本项目在功能方面也实现了许多创新性突破，其中包括数据的误差分析与滤波处理，无人机智能避障的路径规划，操作界面数据的实时更新与显示，多架无人机智能起降调度等功能提升。

三、发展前景

本项目结合了 UWB 高精度定位的特点，能够使多架无人机智能、精确、自主地完成起飞降落。本项目定位精度高，起降稳定，事故率较低，数据处理方案设计合理，界面可视化实时有效，为行业无人机产业的进一步发展提供了全新的解决方案，与目前市场上常见的对标产品相比，本作品具有一定优势。本项目推出后，可以部分解决目前行业无人机降落系统所面临的痛点，使其应用于更为广阔的行业领域，进而提升无人机的作业效率以及返航降落的安全性和高效性，为我国的无人机行业发展做出贡献，具有较大的市场潜力。

作者： 李文轩　赵　磊　杜　巍　唐铭蔚　刘　翔　何茂林

方　堃　赵紫微

第三十届"星火杯"特等奖作品

32 一触即发——普通投影仪触屏化改装系统

一、研究背景

现如今，投影仪与广大群众的日常生活联系越来越紧密。然而，由于投影仪本身的成像原理，我们很难在投影面上对投影内容进行操控。如图 4-39 所示的普通投影仪，一定程度上限制了其交互性的发挥。为改善这种状况可触控式投影设备应运而生。两者的结合既可展现出大屏视觉冲击效果，又能增加其交互性与交互体验，将会在教学、办公、娱乐中带来更多的可能性。基于此想法并针对于市场上已有产品，本团队设计出了一触即发——普通投影仪触屏化改装系统，可以让任何一种投影仪瞬间变身可触控式投影仪，用较低的成本让触控投影更加亲民，另外作为辅助改造设备可以让已有投影仪的人轻松享受触控投影带来的乐趣。

图 4-39 一般的普通投影仪

二、创新原理

1. 项目在硬件组成上主要使用了三种原部件：红外一字线性激光器、红外滤波广角摄像头及投影设备。它们分别负责整个系统的红外反射面的制造、触控点的捕捉及投影部分，三个部分根据程序协调工作形成完整的系统。与此同时产品将原本广角摄像头畸变的视野矫正成无畸变效果，并且截取有效投影区域来处理图像，改变图像像素值，使之与电脑像素值相同，从而实现产品更高的功能。

2. 在产品设计的创新方面，为了使产品能够实现轻便、快捷、高效的特点，团队通过对算法的重点设计，将少量的辅助硬件运用到了极致，成就了这款交互投影系统。与传统的繁杂的红外定位不同，本项目用小巧的红外一字激光器和红外滤波摄像头减少可见光干扰，并获得图像数据。然后在 ROI 区域内通过高斯滤波，形态学滤波以及 Canny 算法等关键算法获得高概率区域，在此基础上通过亮度加权精确定位。

3. 在产品性能创新方面，摒弃传统的抗干扰差的红外测距，而聚焦于红外光信号和热信号，基于 OpenCV，利用红外一字线性激光器及红外滤波摄像头来简化触摸点的物理信息向几何信息的转化过程，便于触控点的捕捉；摄像机标定及 3D 重建技术棋盘格矫正畸变达到了识别图像完全平滑的效果(70 个图案模式标定无误)；使用双极化摄像头交叉标定(安置于内置 DPL 灯泡位置)达到了 7 人次连续 700 次点击识别无误差的效果。

三、发展前景

一触即发——普通投影仪触屏化改装系统将借助 BATJ 入局东风，专注于家用、教学用及办公用市场，在专属功能上加以完善。本系统将依附于涨势最猛、规模较大的智能投影市场，项目组专注于做中小型微投的辅助设备，将会持续跟进投入市场之后的产品，做整体解决方案提供商，面向用户提供从销售到升级售后系列全套服务。随着投影仪越来越趋向于微型化和超短焦技术的不断发展，一触即发——普通投影仪触屏化改装系统的优势将会被无限放大，当该系统与超短焦微型投影仪融合时，用户将可以随时随地在桌面或是墙面上享受大屏交互体验，进行教学、办公或是娱乐，二者的结合或将引起新一轮交互模式的变革。

作者：江之行　黄　旭　张宇翔　熊雨舟　刘昀泽　张　青　江立峰
第三十届"星火杯"特等奖作品

33 移动可攀爬式取像探测机器人

一、研究背景

随着社会的不断发展，各行各业的分工越来越明细，人们感到自己在不断异化的同时强烈希望用某种设备代替自己的工作，因此人们研制出了机器人，用以代替人们去完成那些单调、枯燥或是危险的工作。而在自然界和人类社会中存在着一些人类无法到达的地方和可能危及人类生命的特殊场合，如行星表面、灾难发生矿井、防灾救援和反恐斗争等，对这些危险环境不断地进行探索和研究，寻求一条解决问题的可行途径已成为科学技术发展和人类社会进步的需要。因此本项目设计了一款仿生式移动可攀爬取像探测六足机器人，旨在提出一种新的机器人机械结构，并且搭载目前一些智能化的模块，使爬行类机器人成为真正实用型机器人。

二、创新原理

1. 本产品搭建了包括电源模块、主控制器模块、舵机控制器模块、GPS 模块、无线 WiFi 视频模块、超声波探测模块、电机驱动模块、九轴陀螺仪模块、无线遥控模块等在内的硬件模块系统，各模块分工不同，互相搭配协作，共同实现六足机器人的各项功能。本产品六足机器人硬件系统总体框图如图 4-40 所示。

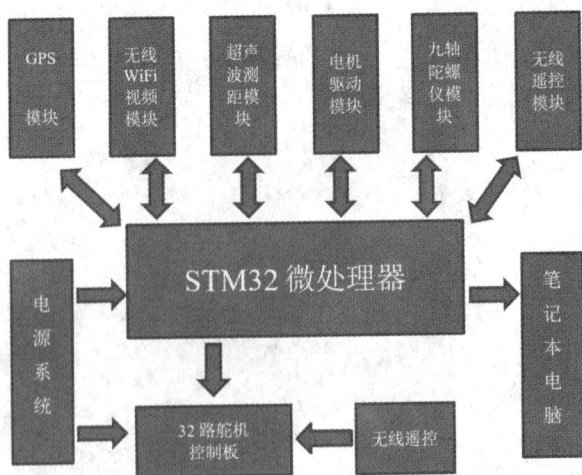

图 4-40 六足机器人硬件系统总体框图

2. 机体结构方面的创新：本项目设计团队自主创新设计了该项目整套的机体结构，主要包括底部履带、中部主体、四周六条机械臂并且首次在六足类机器人中加入自主设计的对开合式机械爪，该机械爪综合考虑了握力和开合速度两个方面，仿照灵长类动物抓取物体的常用习惯动作而设计，使机器人的攀爬能力得到明显提高；底层履带设计也大大增加了传统爬行类机器人的快速机动能力；机器人还搭载有实时回传视频模块和 GPS 模块，可以方便地进行检测和定位；地磁、陀螺仪、加速度计、超声波等模块的配合工作，使得机器人更加智能化。机器人控制方式灵活，稳定性高，控制距离可远可近，可人工干预，也可自行在规定的范围内自动探测。

3. 产品设计方面的创新：本项目设计的六足取像探测机器人，具有拍摄视频回传、GPS 定位、障碍探测、越障、无线通信控制等功能，特别是基于自主设计的机械结构，能够实现一定程度上的攀爬(包括非光滑面的垂直攀爬)功能，具有较强的机动性能。

三、发展前景

本项目设计的移动可攀爬式取像探测机器人控制方式灵活，稳定性高，控制距离可远可近，可人工干预，也可自行在规定的范围内自动探测，成品可应用于震后探测、照看特殊人群、仓储物流移动监控探测、家庭小管家、危险环境作业等各个领域，填补了相关市场的空缺，相比于传统的探测类产品具有明显的优势，蕴藏极大的市场潜力。

作者：孙　斌　杨晓岩　路　阳
第二十六届"星火杯"特等奖作品

34 易阅——基于 OCR 和 NLP 的智能阅卷系统

一、研究背景

考试，作为教学测量的重要手段，试卷批阅方式的智能化是教学迈向信息化时代的主要内容之一。当下，阅卷方式主要分为人工阅卷和机器阅卷两种。人工阅卷使教师的大量精力消耗在改卷、登分等繁琐的工作中，无法将主要时间用于教学任务上，不利于教学水平的提升。机器阅卷则大多只能批改选择题且缺少批阅痕迹，教师仍需花费大量时间批改其余内容，学生也无法直观地找到自己的失分点。为了解决以上问题，我们开发了一套基于光学字符识别(OCR)和自然语言处理(NLP)的智能有痕阅卷系统，为教师和学生提供了更方便快捷的阅卷体系。图 4-41 所示为三种阅卷模式综合能力对比。

	人工阅卷	网上阅卷系统	易阅--智能阅卷系统
阅卷效果	人工识别	无痕阅卷	智能有痕阅卷
评卷形式	完全人工评卷	客观题自动阅卷，主观题网上评卷	选定的主观题与客观题均自动评卷
费用成本	人工成本高	成本较低	人工与设备成本均较低
考试结果分析	人工统计	自动统计	全面及时地自动统计

图 4-41 阅卷模式综合能力对比

二、创新原理

1. 本系统由组题模块、生成试卷模块、试卷扫描模块、智能阅卷模块、试卷分析模块和考务管理模块六部分组成。项目组对近 200 万张手写汉字及手写英文图片的数据集进行深度学习，在 Pytorch 框架下，通过卷积神经网络(CNN)提取试卷图像特征和预测文字出现区域。利用非极大值抑制(NMS)检测文字位置，再对文字特征利用循环网络(RNN)和双向长短期记忆网络(BLSTM)进行文字识别，系统对中英文手写体的识别精度高达 97%。完成对试卷文字的检测和识别后，利用 Word2vec 工具生成词向量模型，输入循环神经网络(RNN)、长短期记忆网络(LSTM)进行语法检查、句义比对，分析试卷答案的正确性和合理性，实现部分主观题自动批阅，使得教师批改一份试卷的时间由原来的 10～15 分钟缩短为 2～3 分钟，节省了近 80%的阅卷时间。

2. 产品性能方面有所创新。本系统实现了有痕阅卷模式，易于教师和学生进行考试分析；完备的试卷批改方案，适用于多种题型与答题卡模式；智能阅卷系统可以在不同场景模式下灵活使用，实现多终端运行；利用 NLP 自然语言处理技术实现了部分主观题的自动批阅，减轻教师负担；人性化的操作界面，方便老师使用。

全面的功能创新结合优化的技术支持，易阅智能阅卷系统是首个聚百家之所长，将光学字符识别(OCR)与自然语言处理(NLP)相结合，并采用有痕阅卷形式的智能阅卷系统，产品使用先进的 AI 领域技术，突破了现有的阅卷模式的壁垒，从减轻教师负担和提高阅卷效率出发，结合多维度试卷分析和有痕阅卷技术，满足了更大范围，更高标准的教育领域市场需求，同时可应用于简历分析、筛选等办公场合。

三、发展前景

目前我国对于教育事业愈加重视，近几年来，教育信息化一直是国家的重点关注方向，教育信息化通过整合信息技术和网络技术，解除了传统教学方式的时间空间限制，极大地增强了优质教育的影响范围，对于促进教育公平具有重要的意义。而本项目以减轻教师阅卷压力为出发点，通过 OCR 和 NLP 等技术改进传统的阅卷方式，有助于实现试卷批改智能化，进而推动教育事业的发展进程，具有极其广阔的发展空间和市场前景。

作者： 龙衍鑫　夏晓波　王文婷　任新麟　尹鋆泰　吴嘉欣
　　　　刘子晴　赵子懿
第三十届"星火杯"特等奖作品

35 "云盾"——高效安全防护的云加密数据挖掘系统

一、研究背景

随着互联网技术的蓬勃发展,数据呈现飞速增长之势。云平台拥有强大的存储与大数据分析能力,有助于促进信息流通与资源共享。然而,现有云服务系统存在着严重的数据安全隐患,如何在加密数据上进行数据挖掘,进一步发挥云平台的大数据分析能力仍是一大难点。针对目前云平台存在的问题,本项目设计了一套高效安全防护的云加密数据挖掘系统,如图 4-42 所示,实现了加密数据上的高效数据挖掘,在满足数据处理需求的前提下,有效地保障了云平台的数据安全,消除了医疗、金融、政务等行业对云平台数据泄露的顾虑。

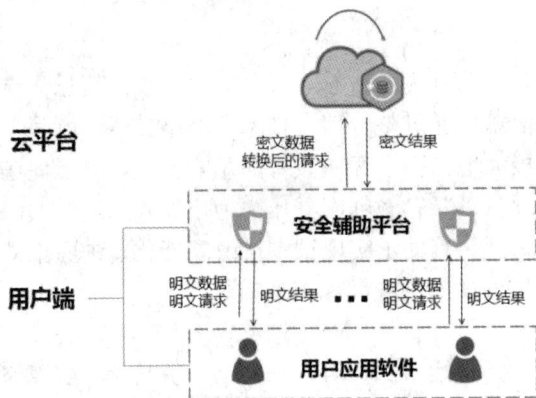

图 4-42　系统架构图

二、创新原理

1. 本产品系统主要包括安全辅助平台和云平台加密数据存储结构两部分。安全辅助平台布置在用户本机上,将数据加密后上传至云平台,并将用户应用软件的数据挖掘请求转化为云平台的操作指令,云平台根据指令直接对加密数据进行操作,并将操作的结果通过安全辅助平台解密后返回给用户应用软件体系。与此同时,为了实现对加密数据的高效管理,我们采用对应算法的"洋葱模型"设计了云平台加密数据存储结构,使系统在接收到操作指令后可快速地找到需要的加密数据并根据指令进行相应运算。

2. 本项目在数据安全性方面有较大创新。数据加密以后上传到云平台,云平台直接对加密数据进行查询、运算操作即可完成数据挖掘过程。数据安全依靠加密算法的安全性，不依托于云平台的诚实可靠和对外安全防护措施，可以从理论上证明数据的安全性。

3. 本项目在数据挖掘算法方面有一定的创新。创新性地使用了可搜索加密、函数加密的技术，解决了加密数据的数据挖掘问题，使用多种加密算法协同实现了加密数据上的数据挖掘算法，相较全同态加密算法实现的密文数据挖掘算法，计算效率上有了极大提升，不会给云平台增加过大的计算开销。

4. 本项目在云平台安全性方面有一定的创新。通过安全辅助平台完成用户与云平台之间的数据加密和请求转换，在系统布置过程中，云平台和用户软件不需要做任何更改，即可完成加密数据的数据挖掘，系统移植方便，开发简单，具有一定的通用性和易用性。同时，系统并未改变云平台原有的安全防护策略，数据加密也可作为云平台被攻破的最后一道防线，大大提高了系统的安全性，是现有云平台安全防护的有益补充。

三、发展前景

本系统创新性强，性能可靠，工作稳定，易于推广，能够应用于多个领域，目前我们已将本系统应用在医疗领域，与医疗公司合作开发出了"高效隐私保护的云医疗数据分析系统"，并进行了评估使用，取得了显著效果。从市场前景来看，本系统恰逢云计算蓬勃发展但数据安全性尚未得到很好解决的时间点，同时具有易于部署、性价比高、工作稳定等显著优势，在整个领域内具有巨大的市场潜力和上升空间。相信随着云计算的快速普及，这套高效数据防护的云加密数据挖掘系统一定能够不断发展成熟，从而最大限度地保障云平台的数据安全，为各行各业步入"云时代"铺平道路。

作者：常益嘉 李云鹏 王李阳
第二十八届"星火杯"特等奖作品

36 杖履四方——机器智能指导的导盲系统

一、研究背景

据权威部门统计，中国已经成为世界上盲人最多的国家，但在日常生活中盲道因使用率低而被占用是极为普遍的现象，很多盲人也因此不敢出门，更加导致盲道使用率降低，因而盲道占用问题变成了一个无法解决的死循环。这种无形的、外在的或心灵的障碍，横亘在这个群体和外部世界之间。鉴于此，我们团队设计了一套机器智能指导的导盲系统，既有助于盲人安全出行，帮助优化城市建设，又能建立盲人专用的社交圈，让盲人拥有更好的社交生活。

二、创新原理

1. 本项目由盲杖与服务器端两部分组成。盲杖基于深度学习技术，通过摄像头采集盲人前方的道路图像，实时规划出一条安全的"虚拟盲道"，其原理如图 4-43 所示，并且通过声音及振动反馈道路状况，提高盲人的出行安全。"虚拟盲道"集合了物体检测、FCN 图像分割、离线盲道识别以及超声波避障等技术。物体检测可以识别出道路中常见的物体，便于盲人采取避让策略；FCN可以将当前道路分割出可供盲人行走的"可行域"；离线盲道识别给盲人提供盲道方向，引导盲人走上盲道；超声波能够检测悬空物体的位置，避免盲人磕碰到悬空物体。本系统综合以上技术，生成"虚拟盲道"，辅助盲人出行。

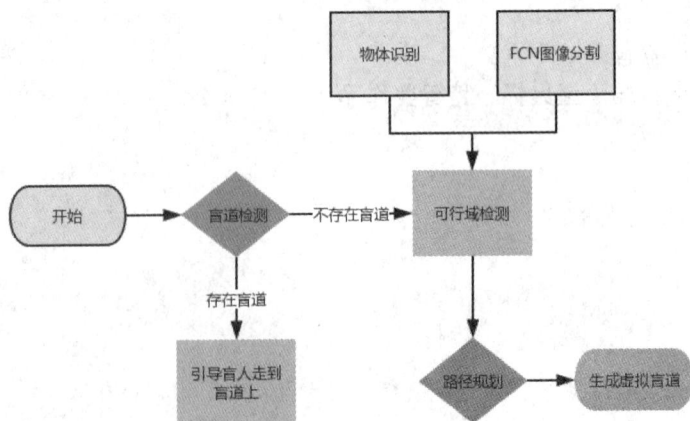

图 4-43　虚拟盲道原理图

2. 本系统在产品软背景方面有一定的创新。首次提出了"虚拟盲道"的概念，在盲道缺损的地方，生成引导盲人出行的"虚拟盲道"，同时引入"盲杖社交"的理念，以盲人出门不可缺少的盲杖作为接口，通过一种社会性的活动方式，吸引盲人多进行户外活动，多与人交流。

3. 本系统在产品性能方面有一定的创新。项目建立了基于深度学习的图像识别系统，融合多种图像处理技术，提高了盲杖识别决策的准确性，大大提高了盲杖的智能性，与此同时控制方式为按键以及语音操作，使盲人能够更加方便且轻松地使用产品，并将导盲系统融于盲杖之中，尊重了盲人的固有习惯。

4. 在系统架构方面有一定的创新。本项目从盲杖入手，结合深度学习技术，通过计算机视觉，融合超声波以及 GPS 定位信息，建立整体导盲系统，能够有效地给盲人提供行走的合适建议，由如此众多功能融合构建起了一套全新的完整的生态架构，这将极大地改善盲人的生活。

三、发展前景

在实地调研过程中，我们发现盲道占用是造成盲人出行受阻的重要原因，盲道占用问题使得盲人对城市规划产生抵触，甚至演变成了难以解决的社会问题。而本团队研发的产品将方向精准地指向盲人的出行困难与社交需求，最大程度地解决由于人体生理缺陷带来的困难。在今后的功能调整中，虚拟盲道功能进一步的深度优化将有可能最大程度地调动盲人出行的主观能动性，改变盲人不愿出门的现状，有利于构建和谐社会，具有极为广阔的发展空间。

作者：黄钟健　刘　畅　李兆达　舒　凯　徐铭晟　梁情思
　　　　韩　笑　梁展浩
第二十八届"星火杯"特等奖作品

37 智流易检——基于血液的稀有细胞检测智能系统

一、研究背景

　　血液内存在一些数量稀少却具有重要临床价值的稀有细胞，如循环肿瘤细胞、循环内皮细胞以及良性的循环上皮细胞等，其中循环肿瘤细胞是指自发由实体瘤或转移灶释放进入外周血循环的肿瘤细胞，对其进行检测能够在肿瘤的预测、监控和愈后环节中发挥作用，是癌症研究的热点。但现有循环肿瘤细胞的分离与检测存在假阳性高、漏诊率高、提供信息量少等问题。为解决上述问题，本团队设计了基于血液的稀有细胞检测智能系统，并且与西京医院建立了临床合作。

二、创新原理

　　1. 本系统基于微流控技术、表面增强拉曼检测技术和人工智能算法，实物如图 4-44 所示。系统通过微流控芯片分离出血液样本中的循环肿瘤细胞，利用表面增强拉曼检测技术采集分离出的细胞信号，结合人工智能算法比对分析得出细胞的种类以及分子分型。本系统分为三个子系统：微流控系统、表面增强拉曼检测系统和细胞识别系统。微流控系统基于 3D 打印微流控芯片，利用类似弯道河床地貌的微流控通道截面和螺旋通道结构，将肿瘤细胞聚焦在受力平衡位置，实现肿瘤细胞的分离；表面增强拉曼检测系统利用自主研发的增强材料，结合微流控实现了活细胞的在线检测，获取了循环肿瘤细胞的高质量表面增强拉曼光谱信息；细胞识别系统利用改进的修正加权 KNN 算法提取不同循环肿瘤细胞的特征，实现细胞的分析，并建立循环肿瘤细胞主要分型的表面增强拉曼光谱特征标准数据库。

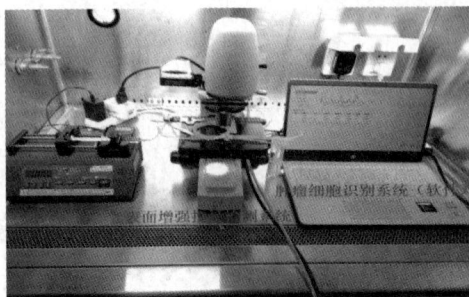

图 4-44　基于微流控芯片和拉曼光谱的稀有细胞检测智能系统

本项目创新性地将"河道模型"与微流控芯片相结合，设计出新型截面的微流控芯片，极大地提高了细胞检测效率，与此同时利用微流控技术，利于分离系统的小型化，待测样品的体积大大减少。

2. 本项目在产品性能方面进行了创新，通过 3D 打印技术一步成型微流控芯片，简化了微流控芯片的制作流程，降低了检测成本，适合批量生产，利于系统的工业化，并利用特制的增强材料，通过微流控与拉曼检测联用，实现了活细胞的实时检测，获取了可靠的活细胞表面增强拉曼光谱信息。基于细胞表面增强拉曼光谱数据特性，自主研发的人工智能算法提升了检测结果的正确率和稳定性。

3. 系统综合考虑了稀有细胞的临床价值以及现有检测手段过程繁琐、耗时长的缺陷，创新性地使用了微流控芯片分离稀有细胞，同时联合使用表面增强拉曼检测技术实时采集细胞拉曼信号，并通过基于细胞特异性的人工智能算法实现对稀有细胞的检测识别，使系统成功应用于肿瘤细胞的识别。

三、发展前景

本项目在综合考虑技术水平与市场需求的前提下，多学科交叉，创新性地将微流控技术与表面增强拉曼检测以及人工智能算法联用，实现了用 5mL 血液在 1 小时内获得样本中循环肿瘤细胞的检测结果，同时保障了结果的准确性。该项目满足了市场对循环肿瘤细胞的非侵入性快速检测方法的需求，提高了肿瘤筛查的效率和准确率，将检测成本降低了 90% 以上，有利于相关疾病筛查的推广及普及，对促进人类健康产业的发展有着重大意义。

作者：魏璐捷　胡青青　陈泽州　薛启禄　周小莉　续小丁
　　　蔡诗轩　洪芬香
第三十届"星火杯"特等奖作品

38 智能缩距的电子视力测量记录与保护系统

一、研究背景

随着时代的发展，越来越多的电子设备得到普及，计算机与手机等电子产品对人们视力的影响越来越大，近视逐渐成为一种社会常见病。据调查，我国的近视眼发病率高居世界第二位，因此人们及时方便地监控自身视力水平以方便尽早配镜和治疗就成为了视力保护最重要的先决条件。而目前测视力大多仍采用纸张式传统视力表，随着信息社会的发展，这种传统测试方式表现出很大的局限性，一方面缺乏趣味性，不能吸引测试者主动测试，另一方面无法实现用户独立测试。因此本项目研究了一种便捷的、可以独立操作、精确度高，并且成本不高、可以得到推广的与手机 APP 结合为一体的电子视力仪。

二、创新原理

1. 本项目将视力测量、视力监控、视力保护等功能结合为一体，通过对标准对数视力表与不同屏幕分辨率成像的研究与分析，确定了系统最终的总体框架设计。该仪器利用光学反射缩短测试距离，让测试者独立完成较为精确的视力测试。与此同时仪器携带方便，使用简捷，不容易作弊，能够客观反映测试者的视力情况，并利用蓝牙模块传输视力结果到移动设备。我们还设计了一个手机 APP，以便用户能监控自己的视力情况。该视力仪系统主要由微处理器、液晶显示模块、反馈模块、无线通信模块以及电源模块组成，系统模块总体框图如图 4-45 所示，仪器具体设计过程中，各模块硬件以及系统软件设计相对独立。

2. 产品功能有所创新。本项目独立自主开发产品专用 APP，用于记录使用者的视力数据，便于用户查看视力变化情况，对使用者的视力健康作出监控。配套的 APP 还可以提供一系列的眼部训练方法，用户可以根据自己的视力情况，制定属于自己的眼部训练计划，放松眼睛，保护视力。

3. 产品设计方面有所创新。为了实现仪器的便携性以及减小不断反射的误差，本产品利用标准对数视力表的变距特性，将测试距离缩短为 2.5 米，即测试时视力表的像至被测者眼睛节点的距离为 2.5 米。根据远视力表的变距校正图，结合对数视力表相邻两行之间的视标增率相等这一特点，将视力表的测试范围读数扩大为 3.7~5.2，再根据采用液晶显示屏的大小以及大众对视力表的接受习惯，最终将视力表的测试范围读数截取为 4.0~5.2。

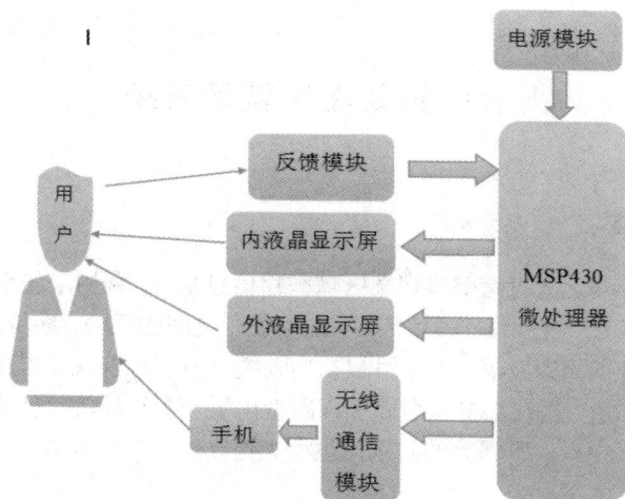

图 4-45　系统模块总体框图

三、发展前景

本设计借助人机互动完成了整个视力检测过程，并实现了检测结果的显示，也对功耗、成本和使用资源等方面进行了考虑。但是由于设计时间的限制，整个系统没有从更加全面的角度出发对系统的产品化进行深入设计，且设计仍存在很多可以再完善的部分。智能视力检测系统可以通过增加一些具有实用价值的外设，变成一款具有竞争力的产品，具有更多人性化功能的视力检测设备。

作者：孙洁婷
第二十六届"星火杯"特等奖作品

39 智能医疗就诊系统

一、研究背景

智能医疗是通过打造健康档案区域医疗信息平台，利用最先进的物联网技术，实现患者与医务人员、医疗机构、医疗设备之间的互动，逐步达到信息化，推动医疗事业的繁荣发展。本项目根据病人关于各家医院就诊卡携带不便，病情无法全面了解，医疗服务不全面等问题做出了一套智能医疗就诊系统，旨在解决以上病人在看病时遇到的问题，也大大提高了医生的效率。

二、创新原理

1. 医疗就诊卡是采用了由读卡装置与非接触式 IC 卡构成的 RFID-RC522 模块来实现的，S50 感应 IC 卡如图 4-46 所示。医疗器械及药品统计系统的关键在于扫描唯一的条形码，再通过 STM32 单片机控制激光扫描模块，对扫到的条码进行追踪。通过智能医疗就诊卡以及医疗器械及药品统计系统，我们便成功搭建了一套物联网，对各项事务进行监督、管理。本项目用手机 APP 进行操作，可以给医生留言，并可以实时查询医院数据库中的数据，以便了解自己的病情，我们利用 Android 平台实现对后台数据库的访问，增加一个桥梁即 Webservice 使 Android 可以访问 SQLserver，可以实现从移动设备访问 SQL 数据库。手机助手健康 APP 和医院就诊指引 APP 是基于 Android 设计的。医用 PC 端软件以 C#作为运行框架，主要通过与数据库的编程连接实现对病人信息的调取，并将实时的新病情信息载入原有数据库中，方便其他医生的调阅和读取。

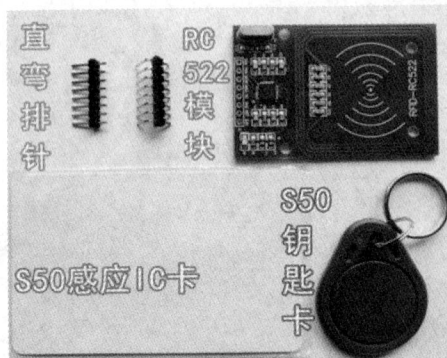

图 4-46　S50 感应 IC 卡

2. 与传统的医疗系统相比，我们的智能医疗系统具有以下特点：编写的手机 APP 与医生的 PC 端软件结合，通过统一的云端处理问题，解决了医生与患者分割难以交流的问题，建立了一个良好的交互体系；各家医院使用统一的治疗卡，通过该卡片可以提供患者的基本信息，从而让医生调用数据库的数据，并且该一卡通也可以作为消费的信用凭证，避免了现金交易可能带来的麻烦，同时也加快了挂号和缴费速度，提高了看病效率；通过云端存储数据，实现了各家医院对病患数据的共享，患者无需随身携带病例和化验报告，为患者省去了麻烦；同时医生也可以调用别家医院的该患者的数据，进行综合分析，为患者病情判断做出正确选择；而且还可以对药品和医疗用具进行统一化管理，避免了药物不足带来的麻烦，同时可以检测医疗用具的使用、回收情况。

三、发展前景

通过该系统，病人的看病只需携带一张一卡通，医生也能综合之前的检查报告获得综合判断的能力；同时又进行了医疗器械及药品的管理，减少了人力消耗。在未来的发展方向上，我们希望该系统能够添加对住院危重病人各项生命体征的实时监督，方便医生及时获取信息，危急时及时进行抢救。长远来看，本套系统所使用的技术不仅仅局限于智能医疗，改进后也可以用于智能农业以及智能物流方面，因此本套系统有着广阔的应用前景。

作者：赵翔宇　高　阳　孙士礼
第二十六届"星火杯"特等奖作品

40 基于 Android 平台的沙画移动应用 Sand Art

一、研究背景

沙画作为中国古代的传统艺术，近些年来几近失传。制作沙画复杂的前期材料准备，练习沙画时的不便以及对昂贵材料的消耗是许多人放弃对沙画继续研究的原因所在。随着科学技术的发展，传统文化和科学技术的联系也愈加密切，人们在传承和学习传统文化时逐渐趋于借助现代科技的力量。鉴于此我们开发了一款基于移动设备的沙画应用(Sand Art)软件，如图 4-47 所示，将传统运用到终端，包含沙画制作的底板、抹沙、铺沙等操作，也包含视频录制功能、一键分享功能、绘图功能，让学习沙画、制作沙画变得更简单，让传统的沙画艺术可以更好地传承下去。

图 4-47　Sand Art

二、创新原理

1. 首先使用 skia 提供的在 Android 下可实现的 2D 绘图操作，如 images，shapes，colors，pre-defined animation 等绘制简单的图形；调用 skia 中定义的 Canvas 类来绘制任何想要的图形；我们设计了更加接近真实的算法，体现出轻触和用力按的区别，添加了添沙、抹沙、涂沙以及绘沙的操作；并且通过单点触控和多点触控相结合，实现放大或者缩小，或者长按平移的效果；同时采用最新的 Android Lollipop 中的 Material Design 设计，大大提高界面优化程度。我们还接入了微信朋友圈、QQ 空间、微博、Facebook、Instagram 等社交平台 API 以实现作品一键分享的功能；调用 Android 权限中的 Camera 软件以及 WRITE_

EXTERNAL_STORAGE 以实现屏幕视频录制的功能。

2. 将传统艺术与现代科技设备结合，既体现了中国传统艺术的博大精深，又体现了现代化技术的方便快捷。

3. 该 APP 的使用大大简化了沙画制作的前期准备，节省了沙画制作的费用，避免了沙画学习时的材料消耗。

4. 视频录制功能、沙画表演，瞬息万变，该系统设计符合现代化城市的人们对艺术欣赏的要求，人们需要的是一种转瞬即逝的艺术。

5. 从创作开始到最终的视频录制，本软件系统提供了一整套的功能，一站式创作，让用户真切感受沙画创作的兴趣，还原一个如身临沙画现场般的氛围，激发人们的兴趣，使沙画艺术更好地传承下去。

三、发展前景

我国传统艺术的遗产极为丰富，这是中华民族的宝贵财富，也是全人类的宝贵财富。而本款沙画 APP 正是本着为传统文化增强时代元素，丰富沙画艺术的表现形式，在互联网时代中推陈出新，以更符合现代人们休闲娱乐的方式，呼吁大众珍爱传统文化。该应用具备完整的沙画制作流程，功能齐全，同时具有友好的操作性和良好的扩展性，方便后续进一步开发和完善，对推广沙画艺术和弘扬民族传统文化具有十分重要的意义。

作者：杜 凯　杜威望　周鹏飞　程庆春　冯 博　李毅娇
第二十六届"星火杯"特等奖作品

41 基于压电陶瓷发电的智能刹车防盗自行车

一、研究背景

传统的化石燃料对环境污染严重,且日益枯竭,寻找新能源成为了这个时代的能源主题。人运动时会产生很多振动能,如果将其转化并合理利用,不仅可节省能源而且还能为人们带来方便。自行车作为低碳环保的交通方式,不仅节省化石燃料,还可以很好地解决交通拥堵问题,更可以锻炼身体。所以我们想到在车胎橡胶中装上很多压电陶瓷,收集这部分能量加以利用,于此我们项目研究了基于压电陶瓷发电的智能刹车防盗自行车(简称"E-SMART BICYCLE")。

二、创新原理

1. 基于压电陶瓷发电技术的自行车发电系统的内部结构由五部分构成,如图 4-48 所示。我们在轮胎内放入压电陶瓷片组成的发电装置,使车轮产生的振动能通过压电陶瓷发电装置转换成电能,然后通过一个整流电路将交流电转换成直流电,因为这个直流电源不是很稳定,所以要通过一个超级电容,先给超级电容充电,再通过稳压充电电路输出一个稳定的直流电压,给电池充电,通过以上几步转换就可以将车子行走时产生的机械能转换成电能储存在电池中,然后给需要供电的设备供电。

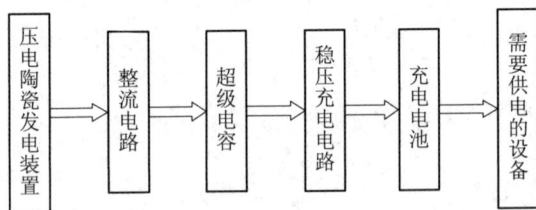

压电陶瓷发电装置 → 整流电路 → 超级电容 → 稳压充电电路 → 充电电池 → 需要供电的设备

图 4-48　整体结构示意图

2. 对于自行车目前的安全问题,E-SMART BICYCLE 应用了手机 APP 解锁功能,实现了 APP 智能解锁和 GPS 定位导航以及报警系统的合理使用。此外,自行车还有智能刹车防撞装置,可以避免自行车速度过快以及走神导致的撞车等现象的发生。APP 解锁的内部核心控制器存放有 APP 解锁控制器,MSP430 低功耗单片机作为核心,外部添加外围传感设备,当手机启动 APP 的时候,启动蓝牙模块,然后通过蓝牙模块输入特定的字符进行解锁。GPS 模块就是采用 SIRF 三代芯片组(集成了 RF 射频芯片、基带芯片、核心 CPU)，并加上相关外围电路而组成的一个集成电路。

3. 压电陶瓷片发电是不影响骑行者额外的能量的，仅仅靠收集到的无用功来提高系统能量的使用效率，这样自行车基本可以不充电，利用压电陶瓷发电即可，这就很好地将无用功转化为电能，绿色环保，这无疑是革命性的改变。

三、发展前景

当今智能自行车的防盗系统一般都比较昂贵，很难适用到广大消费者，因此很受局限性。我们设计的这样一款大众性的智能 BICYCLE，花费低，并且电池续航能力强，这样的自行车更容易普及到大众手里。而且 E-SMART BICYCLE 可以很好地防盗，报警装置以及 GPS 定位、GPRS 自动短信报警的功能对自行车遗失等情况的及时发现起到了重要的作用。而 APP 解锁，更适应当代智能手机的普及以及智能化的需求，解锁方式更加智能、更加安全，并且本项目通过对压电发电的研究解决了微型电子设备缺电的情况，这对利用环境中的能量具有重要意义。

作者：金楷 周剑 惠政 王福顺 楠浣
第二十六届"星火杯"特等奖作品

42 可自主循迹的果园机械远程控制系统

一、研究背景

农业生产高效率、高精度的机械化、自动化方向是农业发展的必然选择，农业机械自动化也越来越受到人们的重视。近年来，我国农业在经济与科学技术的带动下向着现代化高效农业的方向不断发展。针对目前我国农业自动化程度低、农业机械无法自主智能作业、农药喷洒作业危害生命财产安全等问题，本项目组设计了一套可自主循迹的果园机械远程控制系统。

二、创新原理

1. 本项目以分层化、模块化思想抽象出了农业生产中组成自动化机械的必需要素，系统主要包括环境感知模块、无线通信模块、决策和主控模块、车控模块和软件管理系统等部分。车控模块(如图 4-49 所示)以 ARM 架构为基础，使用了基于 Cortex-M3 与 URAT 的多模块异步通信设计了通用控制接口转发器，并采用分层思想，设计了以串口通信为主的控制系统。无线通信模块中我们主要使用 2.4Ghz WIFI 的无线通信组网，并结合 4G 无线通信技术与 VPN 网络作为无线通信的组合解决方案，保证了控制信号与视频信号的传输，可靠地架设了无线通信传输系统。自主循迹分析系统采用了基于 OpenCV 与数学形态学滤波算法的图像处理技术与基于模糊系统与模糊控制的循迹算法，并能够进行不同环境的适应修改。对于软件管理系统，我们使用 Java 编写了一套用于远程管理的图形界面，功能齐全而且操作简单，能够满足管理者的远程控制与视频监控。

2. 在本平台上，用户仅需通过控制终端上的控制管理系统即可远程操控机械，并且可以自主循迹作业，无需人工干预，提高了农业生产活动的生产力。

本项目开发的智能机械控制管理系统在一次搭建好之后，可以终身使用，极大地简化了系统的运营维护工作。

本平台具有高度的通用性、可移植性与可编程性，能够为不同的农业机械提供相同的智能机械控制，是一种合理可靠的控制系统，提高了农业的生产效率。

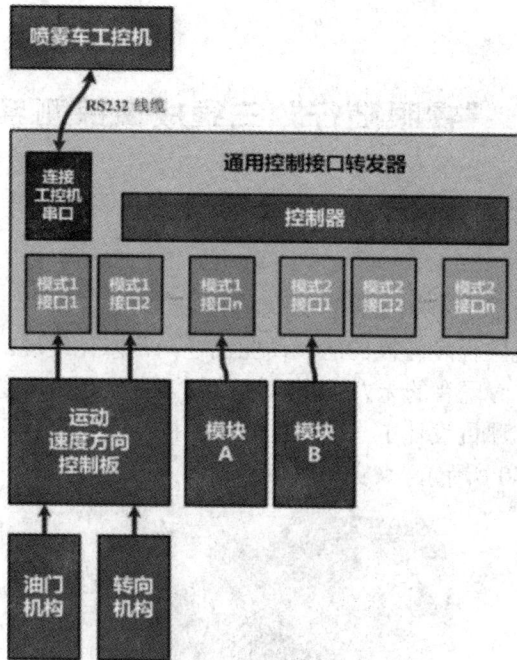

图 4-49　车控模拟图

三、发展前景

农业自动化具有提高劳动生产率、增加农民劳动的舒适性的作用，还能减少劳动人员的输出量。在目前的农业生产中，我们开发的这套"通用果园智能机械控制管理系统"，具有农业机械化自动化的显著特点，不仅针对目前农业机械自动化发展的不足进行了改进，还推动了农业机械智能化的发展，无疑也推动了我国智能农业的发展。

作者：聂其瑞　张树理　沈　阳　王娇玥
第二十六届"星火杯"特等奖作品

43　"睿眼随行"三维成像探测系统

一、研究背景

随着科技的日益进步和社会的发展，在生产生活实践中，在人不可或不宜达到的区域或者危险程度较高的区域作业已经向常态化发展。人力成本是一个不可忽视的因素，而现有的无人操作机械设备大多具有操作复杂、定位精度有待提高等弱点。本项目设计了一种通过全新的控制模式——眼球追踪及脑电波远程控制(如图 4-50 所示)，来实现对侦查机器人的操作。

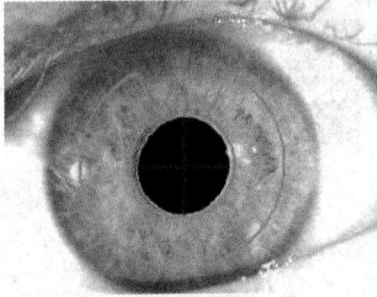

图 4-50　眼球追踪及脑电波远程控制

二、创新原理

1. 本系统以中央探测机器人为核心，实现远程控制探测机器人的摄像头的转向、变焦以及机器人的移动。利用有层次感的立体成像准确定到目标的位置，利用数字图像处理对眼球进行分析，利用眼球的转动来控制机器人的左右摆动，同时利用 4 个电极采集大脑脑电波的专注度来对摄像头的变焦和机器人的前后移动进行控制。这样可以实现不通过手就能对探测机器人进行控制。通过眼球追踪技术，在机器人行进时检测眼球的移动轨迹控制机器人的左右转向，在机器人停止时检测眼球的移动轨迹控制舵机使摄像头转向。检测脑电波判断大脑的专注度来控制机器人的前进后退。机器人上安置双摄像头，传回其采集的视频信息，并通过双目视觉成像转换成有深度信息的立体图像显示在操控者眼前的显示屏上，使操控者能准确得知被探测的环境，并进一步控制机器人。

2. 本项目开创性地使用监测大脑活动的设备来提取信号并进行处理，给操作人员反馈立体可感图像并采用对眼球运动的跟踪和分析来实现目的。通过对眼球运动的分析进行即时操作，极大地提高了操作系统的效率和速度；眼球运动的操作便捷度使得该产品的应用前景极为广泛，可移植性强，未来可以与许多设备协同搭载；脑电波控制信息的采集具有精准、抗噪能力强，可适应于多种极端情况的优势，远超传统的控制方式；三维立体反馈图像使得操作人具有真实具体的操作环境，使得对设备的操作可以更精准，对于深度的把控可以更准确；本作品还实现了完全的无声操作，隐蔽性极强，对于有特殊要求的特种领域有着较好的适应度，某些情况下对控制操作有消声等要求的应用，本系统可以较好地实现；本设备的操控虽然是根据眼球的移动进行实时操作，但在某些紧急情况下可以仅依据特定的脑电波信号进行操作，例如报警等操作，故功能更强大。

三、发展前景

随着信息技术的发展，智能化科学给人类生活带来了翻天覆地的变化，本智能设备(如图 4-51 所示)拥有极好的应用前景和市场潜力。本项目通过眼球追踪及脑电波控制方式来完成既定任务，更符合人类的自然习惯，也解放了双手。与此同时，在控制的过程中双目视觉成像技术使被探测环境的再现更为真实，有助于更准确的决策。本设备由于其操作方式的革新，可以参与很多新型项目的开发与实地操作，其涉及范围可包括常规的民用设施、特种民用设施、军事用途、科学考察以及外太空探索等。考虑到该系统很强的可移植性，结合当下一些更先进的科技，该系统还将有更多可以极大改变人类生活方式的可能。

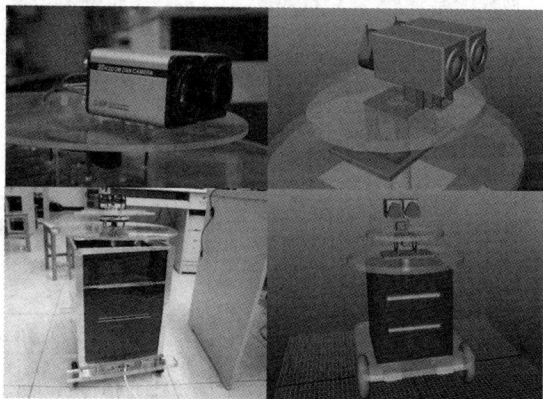

图 4-51 云台及机器人背面实物图(左)模型图(右)

作者：朱 翊 马 璁 徐 凯 毛经纬 朱书琪 郭燕芳 耿 静妍
第二十六届"星火杯"特等奖作品

44 尚付——可自主学习的长续航无人机系统

一、研究背景

微小型无人机拥有效费比好、机动性强、操作方便等优点。但现阶段微小型无人机仍旧存在两大局限：续航时间过短、附加人工成本大。这从根本上限制了无人机的规模化使用。为解决以上问题，本项目研究了尚付——可自主学习的长续航无人机系统，如图 4-52 所示。

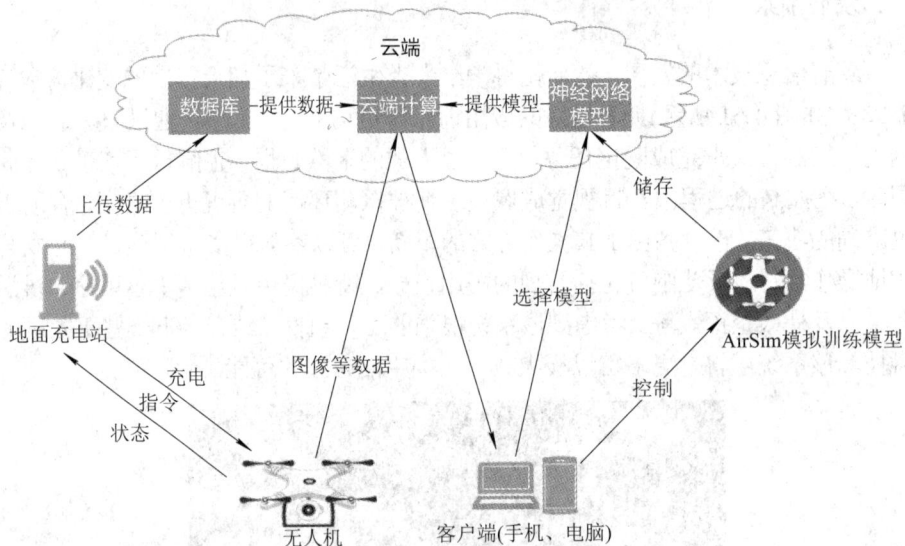

图 4-52 "尚付"系统工作模式图

二、创新原理

1. 本项目将整个"尚付"系统分成三个子系统：无人机巡航系统、客户管理系统、虚拟模型训练系统。无人机巡航系统包括多种功能的无人机以及可以引导无人机自主精准降落的地面充电平台，系统使用 Surendra 背景更新以及背景差分定位的视觉引导系统；使用 Mavlink 协议下携带多种传感器的无人机作为硬件基础；利用磁耦合无线充电技术。客户管理系统包括阿里云云端数据库、数据处理分析系统以及基于 Java 平台开发的"尚付"管理 APP。虚拟模型训练系统是基于虚幻 4 引擎以及 AirSim 的仿真训练模型。

2. 项目使用精准降落技术及无线充电技术，提出了闭环巡航方案，解决了无人机的续航问题，以及充电环节对人力的需求。项目使用虚幻 4 引擎给无人机采用的神经网络模型提供数据集，并使用微软公司于 2017 年 2 月开源的 AirSim 软件对无人机任务飞行进行任务模拟及二次训练。本项目基于图像处理、无线充电、深度学习、仿真模拟及云计算技术，可以做到当无人机电量不足时，使用视觉定位引导无人机定点降落进行自主充电，并在充电完成后继续作业，实现整个过程的全自动化；将神经网络与虚幻 4 引擎相结合，用不同场景训练多种模型，通过无人机对现实世界的数据采集构建数据库，强化神经网络；无人机将数据实时传输至云端储存并处理，将结果传至客户端；如此构建一种长续航、无人干预、自动判断预警的全自动无人机区域检测系统。

3. 本项目结合无人机的现有优势，利用现有技术，针对无人机领域的关键技术难题，实现了其在综合设计领域的突破。本项目的关键技术——GPS 与视觉信息结合的定位方案、大功率无线充电、虚拟世界提取数据集、深度学习和强化学习等，具有较强的科学性和先进性，使在无人机各个使用领域实现了技术产品化、规模化、商品化应用，大大降低了原有成本，提高了作业效率及优度。

三、发展前景

无人机相对人工有着明显优势，完成速度快、覆盖范围广、精确程度高，同时成本低廉。可应用于边防巡航、灾后救援、森林火情预防等领域。本项目依托四旋翼无人机的高机动性，提供了一套高可用性、高实时性、高可靠性并且全自动化的监测系统，大大降低了原有人力成本，提高了作业效率及优度，绝对有效吸引目标需求，市场前景广阔。这样的系统在目前市场对于安防可靠性需求越来越高的现实状况下，相信会有良好的发展。

作者：付家瑄　李雨桐　许肇源　刘志彬　吴世乾　全 琴　
　　　何 怡　赵晓萌
第二十八届"星火杯"特等奖作品

45 水陆两栖勘测云机器蛇

一、研究背景

2010 年 8 月 7 日舟曲县特大泥石流灾害，曾造成多条道路损毁，其中狭窄崎岖的受灾地形加大了救灾人员勘测的难度，导致勘测人员无法进行救援路径的规划，使得多数受灾人员无法得到及时救助。这时，一种灵活防水且可勘测复杂地形的勘测器就显得尤为重要。鉴于此，本团队设计了一种水陆两栖、行进灵活、成本低廉、功能集成度高的"无肢"仿生蛇形机器人，可用于勘测水涝、泥石流滑坡等灾情事故和相应环境的检测，服务一线勘测工作人员。

二、创新原理

1. 本团队研制出一种闭环控制的水陆两栖勘测云机器蛇。首先，蛇体主体结构采用 3D 打印技术快速成型，降低了生产成本。本团队提出陆机从动轮式结构和海蛇仿生结构相结合的创意，既能实现陆地 S 型蜿蜒行进也能实现浅水中的上浮下潜；其次，在防水性方面，本团队设计出螺纹双凹槽防水结构，并结合了关节螺旋接口设计，多重防水设计降低了蛇体在液体环境下渗液的风险；同时，蛇体搭载主动光源双目摄像头，可实现无昼夜限制的视频图像采集、目标识别及跟踪拍摄的功能。本项目在上位机进行深度图像的三维建模，实现 VR 沉浸式勘测。此外，借助云端互联，搭建数据库，实现数据的分布式计算和云端共享，即数据存储、数据调用和数据处理等；最后，蛇体内置无线充电模块，这种非接触式充电能解决有线充电带来的不便。本系统功能架构如图 4-53 所示。

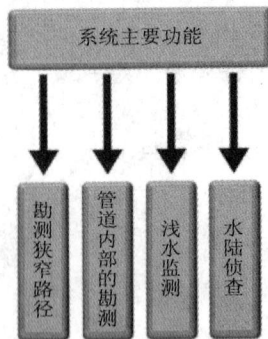

图 4-53　水陆两栖勘测云机器蛇主要系统功能架构

　　水陆两栖勘测云机器蛇以云和互联网为辅助平台，以嵌入式系统设计平台NI myRIO 为核心，微控制器 STM32 为从机，LabVIEW 上位机为交互软件，无线遥控手柄通过蓝牙或上位机通过 WiFi 发送指令，从而实现水陆两栖勘测云机器蛇运动状态的切换，即前进、后退、上浮、下潜。蛇体搭载的多种传感器采回环境参数，GPS 定位模块采集位置信息，并且借助蛇尾天线返回至 LabVIEW 多控件面板端进行显示，实现互联云端。

　　2. 水陆两栖勘测云机器蛇不同于已有的机器人，它具有独特的运动方式和仿生机械结构，在陆地上，低重心的行走方式使其运动更具有稳定性，从而增强其行进效果；在水中，水陆两栖勘测云机器蛇能够通过蛇体与水流摩擦产生前进的动力，噪声低、灵活性高。本项目融合 3D 打印、嵌入式控制处理系统、云端互联、VR 三维建模、无线充电、LabVIEW 交互界面、GPS 定位等多种技术，具有水陆两栖行进、无线回传环境勘测参数、成本低廉等特点，可实现陆上、水下的勘测作业。

三、发展前景

　　本项目作品具有复杂环境适应力强、结构合理、性能可靠、可扩展性强、体态轻盈、行动灵活、成本低廉、生产方便、充电便捷、人机交互友好、防水功能强、可进行云端互联和 VR 三维建模等优势，可广泛应用于自然灾害导致的狭窄地形的勘测、输油输气输水管道的检修、城市下水管道疏通、浅海水产养殖的巡视作业、军事侦察等领域，发展前景较为广阔，在危险和复杂环境中代替人类进行勘测及操作方面具有重要的应用价值。

作者：李鹏程　王　睿　于昉秋　陈佳燕　王刘鄞　王旭茹　何官佑
第二十八届"星火杯"特等奖作品

46 睡眠后定时自动收集耳机装置

一、研究背景

随着智能手机的普及，越来越多的人选择在睡前听手机音乐，手机中音乐播放 APP 已经有了定时关闭播放器的功能，但是戴在耳朵上的耳机却无法被摘下，以至于压在身体下面或者缠在脖子上，对睡眠造成很大的影响。鉴于此，本项目研究了一套睡眠后自动收耳机装置，帮助睡眠前有听歌曲习惯的人群解决睡眠后耳机缠绕造成的不便。

二、创新原理

1. 本装置的大体模块结构功能及其关联是：单片机为整个系统的核心控制单元，负责整个系统的定时、信息处理、驱动信号发出；电机及其驱动为系统的动作单元，负责收取耳机的动作的实现，按键和蓝牙模块主要为信息输入单元，供用户输入初值；LED 显示模块供用户参考时间。(如图 4-54 所示)

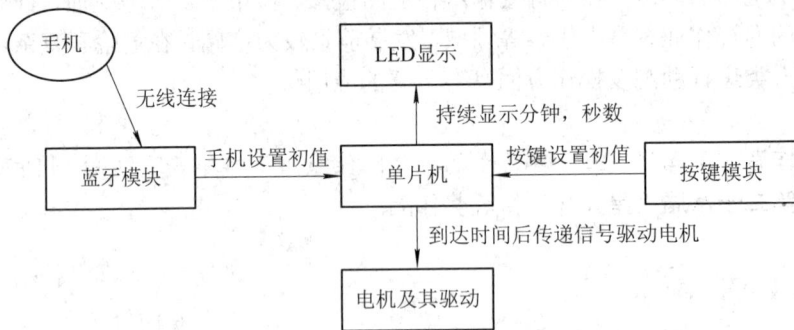

本作品模块结构图

图 4-54 模块间关系图

系统采用双电源供电，用户可以选用原装电池或 USB 充电(此状态还可以为手机充电)。系统采用 STC89C/LE52RC 单片机内部定时器产生中断并倒计时，时间按键由用户进行设置，配合 SN74HC573DW 输出到数码管进行显示，到达时间标志后，发送相应的信号驱动电机。在减速直流电机摘取模式下，单片机到达时间后发送命令给 F9110 驱动的包裹有隔音棉的减速直流电机对耳机进行牵引。耳机的牵引需要两个减速电机 GM050-11180，两个直径 2cm 的绕线轴，两根细线及两个绒毛裹细铁丝棒，分别放置在枕头两端，细线一端连接绕线轴，一端绒毛裹细铁丝棒，绒毛裹细铁丝棒和耳机线连接，从而可以将耳机牵引下来。蓝牙通信方面手机安装编写好的安卓手机应用后和单片机通过蓝牙进行通信，然后设置时间，设置完时间后单片机进入倒计时模式。

在舵机摘取模式下，单片机按键摘取装置不同，采用 2 个辉盛 995 舵机和机械组合的方式，当倒计时进行到 0 分 0 秒时，单片机内部定时中断产生 pwm 波驱动舵机完成以下动作：首先机械组合在第一个舵机驱动下张开一定角度，使上面链接的耳机离开耳朵，然后第二个舵机使机械组合上翻 90° 从而使机械组合和耳机离开枕头。

2. 本系统可以通过定时模式，驱动减速直流电机牵引实现耳机的回收，优化使用者睡眠和听歌体验；可以通过按键或者蓝牙连接单片机进行定时设计，方便用户进行定时操作；采用独立电源和 USB 充电两种模式，灵活可选，同时可以为手机进行充电；外壳为手机设计了放置的空间，方便手机的放置；采用绒毛裹细铁丝棒和耳机进行连接，柔软且不会影响使用者正常佩戴耳机；采用隔音棉对直流电机进行包裹，静音不会打扰使用者睡眠；本作品外壳及支架采用 Pro/e 进行 3D 建模设计效果图，部分原件采用 3D 打印进行制作；有两种摘取方式供选择，可以使用舵机或者直流电机进行摘取，适用于各种睡姿。

三、发展前景

本项目实现听完音乐后自动摘下耳机的功能，使用者不必因被耳机缠绕而烦恼。本作品多处人性化舒适设计，做到了以人为本，创新实用，改善了使用者的睡眠及听音乐的体验，符合市场的需求。未来可通过企业孵化向产品化、大规模化发展，与音乐 APP 如搜狗音乐、QQ 音乐寻求合作，我们的产品将会不断成长，不断完善，更加智能和更人性化，更好地满足用户的需求。

作者： 杨 普 毛国平 吴桉榛
第二十六届"星火杯"特等奖作品

47 随心而动——基于手势识别的交互式三维成像系统

一、研究背景

动态体三维显示技术，是目前基于载体成像效果最好的技术之一。在当今教学、商务、医疗等领域中产品显示的多维度化必然成为日后发展的重要趋势。但遗憾的是，显示出来的三维图像只能观赏，缺少与用户的交互性。本团队以指令索引为桥梁，将手势识别技术与动态体三维显示技术相结合，提出可交互式动态体三维显示技术，解决了无法与三维图像实时控制的痛点。同时本着将该技术快速便捷地应用到大众生活中的目标，经多次讨论研究后，我们提出了"随心而动——基于手势识别的交互式三维成像系统"项目，如图 4-55 所示。

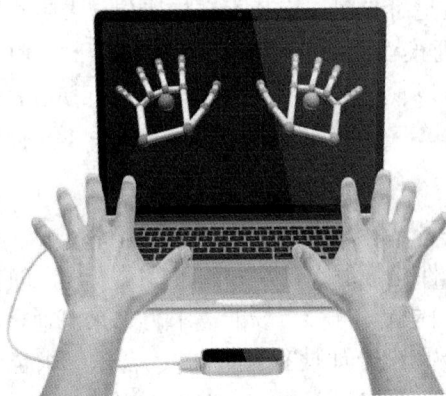

图 4-55　人机交互效果示意图

二、创新原理

1. 本项目由空间成像系统和体感识别设备组成。在成像方面：使用螺旋切片算法将处理过的图像进行投影，并通过多帧数旋转成像技术实现裸眼的 3D 成像效果；在体感识别方面基于双目摄像头，通过多普勒效应感知手势的移动状态，并采用空间图像采集技术获取手部空间位置，形成控制指令。通过指令映射，实现体感识别与空间成像的对接；并通过对图像的实时算法处理和渲染处理，使用户无需使用任何复杂的控制设备，完成形如放大、缩小、旋转、切、换等操作，达到人机互动的效果。

2. 本项目利用 Leap motion 实现使用方式的最大化，提高三维立体图像在人机互动方面的运用，并且脱离了传统的操作方法，不依赖于"投影介质"。使用光学传感元器件或者红外热敏器件来识别人体手势动作，运用全新的技术来对人体部位进行定位，再和空间成像进行一一对应，就可以很快识别出点触或者抓握的部位，再结合动作，控制图像，从而完成操作；该方式解锁了更多的手势，使得使用方式广泛化；运用动态体三维显示技术，构建出一个均匀、高利用率的成像空间；同时将此装置放入真空环境中，以此降低风噪，保持旋转屏的匀速运动，达到更好的立体投影效果。本项目是对现有 3D 成像技术及其控制功能的补充和完善，达到了成像更加立体化，同时具有良好的交互性的效果。

三、发展前景

当今时代发展的条件下，人的感受已经成为了设计需要考虑的重要问题，人机交互也不例外。通过虚拟现实带给用户的自然化体验即是人机交互的一大发展趋势。交互式动态体三维显示技术作为前沿科技，备受瞩目，它使一切虚拟的东西变得触手可及。未来交互式动态体三维显示技术会在医疗、军事、教育、商业等领域引起重大的变革，不仅会带来巨大的经济利益，也将对社会生活产生重大影响，甚至改变人们的生活方式。

作者： 苑子恒　王旭辰　彭　勇　任奕洁　梁昌城　杨佳翰
　　　韩文璇　何兆秦
第三十届"星火杯"特等奖作品

48 同步操作机器人柔性智能手套

一、研究背景

由于科研发展与工业生产的需要，高危环境作业者日渐增加，高危环境作业的事故发生率、死亡率也高居不下，引发社会广泛关注。恶劣的操作环境或超远的操作距离也限制了人类进行现场作业的可能性。如果这些作业环境能够用远程操控的智能机械臂代替人为操控，死亡率将会大大降低，而经济效益将有很大提高。鉴于此，我们基于一种手部机械运动信号采集的新方式入手进行研究，针对复杂环境生产作业的特殊状况来革新同步智能操作机器人。

二、创新原理

1. 本作品的核心功能在于通过柔性应变传感器和柔性触-压觉传感器(如图 4-56 所示)协同采集信号来远程操作同步智能机器人。柔性智能手套在接收到操作者和机械臂的手部机械运动信号后，将数据传输至同步处理模块，进行同步处理和负反馈调节，以达到同步操作机器人的运动信息逐步逼近操作者的手部运动信号。本手套装置主要解决了现有同步操作机器人不能同时实现触觉、压觉和柔性应变功能的问题。

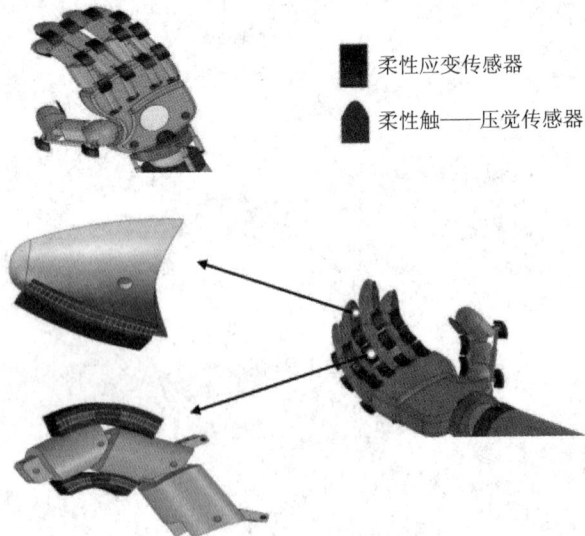

柔性应变传感器
柔性触——压觉传感器

图 4-56　柔性智能手套示意图

该柔性智能手套基于 PDMS 材料、硅橡胶材料、3D 石墨烯泡沫、碳纳米管和炭黑颗粒材料构建的传感器检测系统，采用共混法、模板驱动法、双重还原法和注塑法来制备柔性应变传感器和柔性触觉传感器。柔性智能手套内、外表面关节处设有柔性应变传感器，可测量手指关节屈活动度，并随关节屈曲做出同步改变。手指尖部位设有柔性触-压觉传感器，以探测触觉和压觉信号。手指关节部位上下两侧分别设有柔性应变传感器，以测量手指关节活动度。单只手套内外表面分布了 28 个柔性应变传感器，内表面分布了 5 个柔性触-压觉传感器，可实现复杂动作的远程同步。其传感过程如图 4-57 所示。

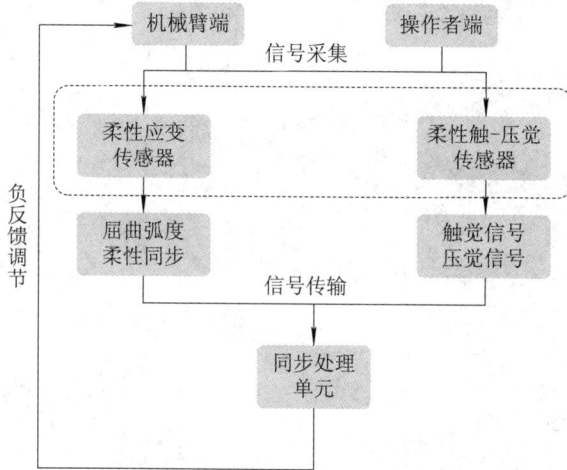

图 4-57 柔性智能手套传感过程

2. 本系统模拟人手皮肤的结构设计了传感器的三层结构模型，所制作的柔性应变传感器和触-压觉传感器具有多尺度的测量范围，能够实现高精度大范围的测量，可实现对人手关节弯曲及对人手皮肤触觉、压觉功能的实时模仿，同时测量模型可以实现多尺度问题的建模与表征。将柔性智能手套应用于同步机器人，使用两种传感器搜集信息，使机器人获得了更大的自由度。

三、发展前景

柔性电子皮肤在同步操控机器人中的应用，从搞实验工作者的切身需求和当代人们对未知环境的探索出发，改善了传统同步机器人的适应性差、功能单一等问题，给机器人应用注入了新的生命力，让中国的科研之路朝广阔性和深度性发展。本设计功能实用，性能稳定，技术成熟，建立了一个易用且可靠的协同控制系统，不仅实现了在高危环境、未知领域中机器人代替人工进行危险作业的强大功能，同时满足了人们对同步机器人控制稳定性、易用性和功能性的需求。本项目将在高危行业人力资源紧缺，人工费用高昂等情况下带来巨大的经济效益，应用前景广阔。

作者：楚昊宁　沈子卓　郑宇　吴萌华　陈铭睿　韩乐阳
第三十届"星火杯"特等奖作品

49 外科助手——可穿戴式智能手术辅助系统

一、研究背景

心脏疾病是危害人类健康的主要疾病，外科手术是重要的治疗手段，而心脏外科手术的死亡率目前仍高居手术期死亡率榜首。随着心脑血管病患病人数的快速增长，心脏外科手术也面临着更大的挑战。为提高以复杂先心病为主的手术期成功率与效率，本项目组设计了一套集虚拟现实、增强现实、机器学习为一体的可穿戴式智能手术辅助系统。

二、创新原理

1. 本系统针对先天性心脏病等复杂心脏手术的术前规划、术中操作以及手术培训过程中需要实时解决手术辅助信息不对称的情形，利用可穿戴式虚拟现实与增强现实设备，以语音交互的方式，实现对核磁共振、计算机断层扫描等传统三维医学影像直观全面、具体精确的查看与标定，帮助解决医生辨识解剖结构困难、缺乏术中决策的问题。

术前规划系统，包括医学影像处理平台、虚拟现实影像工作室、定量评估与方案决策系统，系统可在术前提供多种分割预处理算法，对感兴趣区域做出精确处理；可深入结构内部，以任意角度对病灶做出术前规划；可获取病人影像中的形态学特征，经定量评估，提高其对于病情诊断的价值，做出更好的方案决策。术中辅助系统，以增强现实设备作为可穿戴显示终端，术中医生可通过语音识别，实时调用后端影像处理平台，三维影像辅助系统可定量诊断并给出方案决策信息，提供图形化可交互远程手术指导。一方面可通过特定的识别词，自由旋转、放大三维模型，辅助医生完成手术；另一方面，三维重建模型可与真实空间病灶部位进行配准，从而帮助医生辨认组织结构。

2. 可穿戴式智能手术辅助系统，是将前沿 AR、VR 设备集成到自主研发的医学影像处理平台的外科手术辅助系统，如图 4-58 所示。系统集成了增强现实 AR(Augment Reality)、虚拟现实 VR(Virtual Reality)、机器学习 ML(Machine Learning)等前沿技术，为外科医生提供了一种新的辅助模式，辅助医生完成手术。本项目创新性地改变了传统影像数据的剖面图查看方式，结合核磁共振、计算机断层扫描的准确性与虚拟现实和增强现实设备的沉浸感，以更为直观的方式提高了术中术前的效率；基于机器学习分类方法与大数据分类训练，可对手术进程进行分析与预测，更好地应对突发情况，提高手术期成功率；可实时传递信息，进行图形化可交互式远程指导，丰富了教学观感，缩短了培训时间。

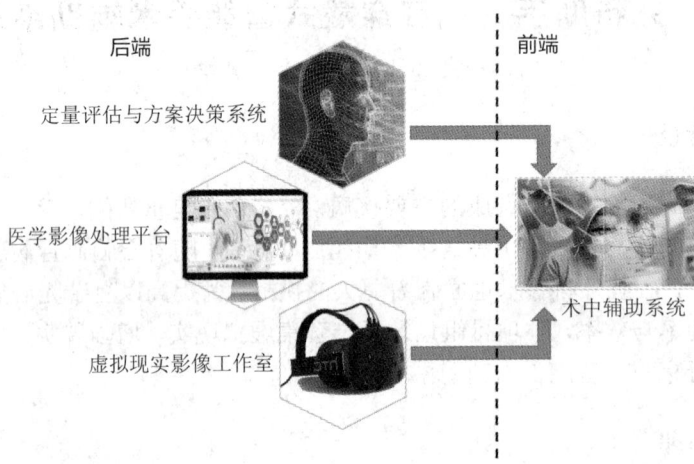

图 4-58　可穿戴手术辅助系统结构示意图

三、发展前景

现今医疗行业发展迅猛，我国医疗模式也正逐渐显现出优势。一台复杂先心病手术的完成，不只是要求医生有精湛的医术，也需要足够精准全面的手术辅助工具，没有先进医疗器械的手术将大大影响其成功率。本项目以一种崭新直观的医学影像呈现方式来提供辅助，医生将真正意义上地观察病灶处的三维模型，术前规划也变得更加细致和准确。手术中的信息可以通过可穿戴式设备直接地呈现在医生眼前，有效地避免了医生注意力的分散。同时，我们的系统也可满足相关高校医疗方向教育的实验条件，为高校教学提供服务。本系统综合各方面需求以及自身竞争力，在投入市场之后，可一定程度上降低先心病的治愈难度，有极大的竞争力和推广价值。

作者： 杨茂青　王欣怡　张　洁　李超群　王世楷　杨　凡
　　　王芮东　张　权
第二十八届"星火杯"特等奖作品

50 智能防近视眼镜

一、研究背景

近些年来，中小学生近视率不断上升，中国青少年近视问题日趋严重，然而行之有效的产品却少之又少，针对防治青少年近视的产品亟待开发。目前青少年近视的本质原因是长时间看近处的东西，眼睛得不到休息，长期产生视觉疲劳最终变成近视。本项目开发了一种智能防近视眼镜，可以随时监控使用者的用眼情况，防止用眼疲劳，从而防治近视；同时设计了一个阅读写字姿势校正功能，通过内置的距离传感器和六轴传感器感知使用者的阅读写字姿势，在姿势不正确时发出提醒以督促使用者保持正确的阅读写字姿势，防治近视。

二、创新原理

1. 本项目设计和实现了一种以 MSP430 单片机为核心控制器的智能防近视眼镜。该设备利用夏普 GP2Y0E03 红外测距传感器、以 BH1750 芯片为核心设计的光强传感器以及以 MPU605 芯片为核心设计的六轴传感器采集使用者的用眼情况，并根据上述传感器收集到的数据利用 MSP430 单片机用软件模拟出人眼的疲劳情况，在人眼过度疲劳时提醒使用者望远休息，防治近视。

2. 本项目将使用 MSP430I/O 接口设计的电容触控传感器(如图 4-59 所示)，放置在眼镜镜腿的位置，当使用者佩戴眼镜时系统自动开启，摘下眼镜后系统自动进入休眠模式(传感器和无线模块不再工作)，这样的设计省去了电源开关的设计，提高了使用的便利性，还在一定程度上降低了系统的功耗，增加了系统待机和使用时间。

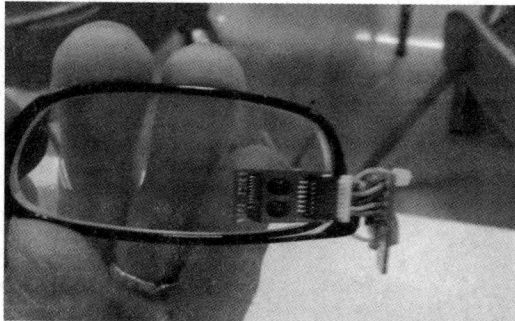

图 4-59 电容触控传感器

另一方面，系统设计的六轴传感器除在矫正坐姿功能中检测使用者阅读/写字姿态外，系统还在单片机内设计了一套智能算法识别智能防近视眼镜的使用场景，在使用者运动、饮食、与人交谈时依照算法降低距离与光强传感器测量的频率，比如一分钟采集一次；在运动传感器检测到使用者在静坐或者专心做某事时适当增加上述传感器测量的频率，比如每隔5秒采集一次，以保证在这段时间内采集到的数据的准确度，这样的设计可以动态分配系统的功耗，实现在不降低测量精度的前提下降低功耗。

三、发展前景

本作品有效待机时间可以达到一天以上，在大多数环境下测距精度优于1%，并且本系统所选器件均在保证系统功能完善的情况下选择了体积最小的器件，尽可能地缩小了眼镜的整体体积，具有便携性。本项目开发的智能防近视眼镜，通过监控使用者的用眼情况、学习姿势矫正功能对解决日趋严重的青少年近视问题提出了新的思路，发展前景光明。

作者：梁博　张　恒　杜威望
第二十六届"星火杯"特等奖作品